高职高专工程造价类"十三五"系列规划教材

建筑工程定额与预算

主　编　李富宇　　宋　莉

副主编　周　芳　　柴　娟

　　　　邹钱秀　　叶　峰

主　审　楚新智

东南大学出版社

SOUTHEAST UNIVERSITY PRESS

·南京·

内容提要

本书首先对定额的编制以及工程定额体系进行了简单的介绍,然后以《重庆市建筑工程计价定额》(2008年版)为依据介绍了基础工程项目、主体工程项目、屋面工程项目、装饰工程项目、措施项目等的计量规则以及定额应用的相关说明,其后附案例强化计量规则的应用,最后以《建筑工程工程量计价规范》(GB 50500—2013)、《重庆市建筑工程费用定额》(2013年版)为依据,以项目实例锅炉房为例介绍了施工图预算书的编制。

全书共3篇9章,包括:第一篇定额原理与实务,内含三个章节,分别为第1章工程建设定额概论,第2章人工、材料、机械台班消耗定额的确定,第3章人工、材料、机械台班单价的确定;第二篇工程定额体系,内含三个章节,分别为第4章概算定额、概算指标和投资估算指标,第5章预算定额与企业定额,第6章费用定额;第三篇定额的应用,内含三个章节,分别为第7章建筑面积计算,第8章分部分项工程定额计量,第9章建筑工程施工图的预算。

本书可作为高职院校工程造价、工程管理、建筑施工技术、建筑设备、电气工程等专业的教学用书,也可供建筑类相关专业学生和建筑设备安装、工程选价从业人员学习参考。

图书在版编目(CIP)数据

建筑工程定额与预算/李富宇,宋莉主编. —南京:
东南大学出版社,2017.7
ISBN 978-7-5641-7258-9

Ⅰ.①建… Ⅱ.①李…②宋… Ⅲ.①建筑经济定额
②建筑预算定额 Ⅳ.①TU723.34

中国版本图书馆 CIP 数据核字(2017)第 164243 号

建筑工程定额与预算

出版发行	东南大学出版社
出 版 人	江建中
社　　址	南京市四牌楼 2 号
邮　　编	210096
经　　销	全国各地新华书店
印　　刷	常州市武进第三印刷有限公司
开　　本	787 mm×1092 mm　1/16
印　　张	14
字　　数	350 千字
印　　数	1～3000 册
版　　次	2017 年 7 月第 1 版
印　　次	2017 年 7 月第 1 次印刷
书　　号	ISBN 978-7-5641-7258-9
定　　价	35.00 元

前　言

本书是高职高专工程造价类"十三五"系列规划教材之一,可作为高职高专工程造价、工程监理、工程管理等专业的教材,也可作为预算员、注册造价工程师等有关技术人员的参考用书。

本书注重体现"技能型"特点,以《建设工程工程量清单计价规范》(GB 50500—2013)、《重庆市建筑工程计价定额》(2008 年版)、《混凝土及砂浆配合比表、施工机械台班定额》(2008 年版)、《重庆市建设工程费用定额》(2008 年版)为编写依据,以项目实例为依托,详细讲述了建筑工程工程量计算的方法,并附有典型的计算实例。全书以加强实践性和实用性为目的,以定额原理与实务—工程定额体系—定额的应用的思路进行编写,并重点介绍了建筑工程造价依据和造价构成,基础工程项目、主体工程项目、屋面工程项目、装饰工程项目、措施项目工程量的计算,以及施工图预算书的编制。在编写过程中,以工作过程为导向,实现学校与工作岗位的零距离对接。

本书由重庆能源职业学院李富宇、宋莉担任主编,周芳、柴娟、邹钱秀、叶峰担任副主编,楚新智担任主审。本书具体的章节编写分工为:李富宇、宋莉编写第一篇和第二篇,李富宇、周芳、柴娟、邹钱秀、叶峰编写第三篇。此外,重庆铂码工程咨询有限公司高级工程师蔡琥为本书的编写提供了宝贵的意见,重庆能源职业学院尉丽婷、甘晓林、许萍、程花、陈丽娟、丁德蛟等专业教师给本书的编写提供了很大的帮助,在此一并表示感谢。

本书内容翔实,步骤清晰,让学生轻松学习,让教师轻松授课。本书提供了较为完整的授课电子资料包:包括纸质版图纸(附后)、CAD电子图纸、完整的实例项目预算书的编制等,请使用学校向出版社询问并配套使用。

由于编者水平有限,编写时间仓促,书中难免会有错误和不妥的地方,敬请读者批评指正。

编者

2017 年 4 月

目　　录

第一篇　定额原理与实务

第二篇 工程定额体系

第一篇 定额原理与实务

1 工程建设定额概论

1.1 工程建设定额的产生与发展

1.1.1 定额的概念

定额是在正常的施工生产条件下,完成单位合格产品所需的人工、材料、施工机械设备及资金消耗的数量标准。它反映出一定时期的生产水平。不同的产品有不同的质量要求,因此,不能把定额看成是单纯的数量关系,而应将其看成是质和量的统一体。考察个别生产过程中的因素不能形成定额,只有通过考察总体生产过程中的各生产因素,归结出社会必需的数量标准,才能形成定额。同时,定额还可反映一定时期的社会生产力的水平。

定额是企业管理科学化的产物,也是科学管理的基础。它一直在企业管理中占有重要的地位。如果没有定额提供可靠的基本管理数据,那么使用电子计算机也不能取得科学、合理的结果。

在数值上,定额表现为生产成果与生产消耗量之间一系列对应的比值常数,用公式表示则是:

$$T_Z = \frac{Z_{1,2,3,\cdots,n}}{H_{1,2,3,\cdots,m}}$$

式中:T_Z——产量定额;

    H——单位劳动消耗量(如每一工日、每一机械台班等);

    Z——与劳动消耗量相对应的产量。

或

$$T_H = \frac{H_{1,2,3,\cdots,n}}{Z_{1,2,3,\cdots,m}}$$

式中:T_H——时间定额;

    Z——单位产品数量(如每 1 m^3 混凝土、每 1 m^3 抹灰、每 1t 钢筋等);

    H——与单位产品相对应的劳动消耗量。

产量定额与时间定额是定额的两种表现形式,在数值上互为倒数,即:

$$T_Z = \frac{1}{T_H} \text{或} T_H = \frac{1}{T_Z}$$

则
$$T_Z \cdot T_H = 1$$

定额的数值表明生产单位的消耗越少,则单位消耗获得的生产成果越大;反之,生产单位产品所需的消耗越多,则单位消耗获得的生产成果越小。它反映了经济效果的提高或降低。

1.1.2 定额的起源

定额产生于 19 世纪末资本主义企业管理科学的发展初期。当时高速的工业发展与低水平的劳动生产率产生了矛盾。虽然科学技术发展很快,机械设备很先进,但企业在管理上仍然沿用传统的经验、方法,生产效率低,生产能力得不到充分发挥,阻碍了社会经济的进一步发展和繁荣,而且也不利于资本家赚取更多的利润。改善管理成了生产发展的迫切要求。在这种背景下,著名的美国工程师泰勒(F. W. Taylor,1856—1915)制定出工时定额,以提高公认的劳动效率。他为了减少工时消耗,研究改进生产工具与设备,并提出一整套科学管理的方法,即著名的"泰勒制"。

泰勒提倡科学管理,主要着眼于提高劳动生产率,提高工人的劳动效率。他突破了当时传统管理方法的羁绊,通过科学试验,对工作时间的利用进行细致的研究,制定标准的操作方法;通过对工人进行训练,要求工人改变原来习惯的操作方法,取消不必要的操作程序,并且在此基础上制定出较高的工时定额,用工时定额评价工人工作的好坏;为了使工人能达到定额,又制定了工具、机器、材料和作业环境的"标准化原理";为了鼓励工人努力完成定额,还制定了一种有差别的计件工资制度。如果工人能完成定额,就采用较高的工资率,如果工人完不成定额,则采用较低的工资率,以刺激工人为多拿 60% 或者更多的工资去努力工作,去适应标准化操作方法的要求。

"泰勒制"是资本家榨取工人剩余价值的工具,但它又以科学方法来研究分析工人劳动中的操作和动作,从而制定最节约的工作时间——工时定额。"泰勒制"给资本主义企业管理带来了根本性变革,对提高劳动效率做出了显著的贡献。

我国的古代工程也很重视供料消耗计算,并形成了许多则例。如果说人们长期生产中积累的丰富经验是定额产生的土壤,这些则例就可以看做是工料定额的原始形态。我国北宋时期著名的土木建筑家李诫编修的《营造法式》共有 34 卷,分为释名、诸作制度、功限、料例和图样等 5 个部分。其中,第 16 卷至第 25 卷是各工种计算用工量的规定;第 26 卷至第 28 卷是各工种计算用料的规定。这些关于算工算料的规定,可以看做是古代的工料定额。清代工部的《工程做法则例》中也有许多内容是说明工料计算方法的,甚至可以说它是一部算工算料的书。直到今天,《仿古建筑及园林工程预算定额》仍将这些则例等技术文献作为编制依据之一。

1.1.3 定额的发展与局限

新中国成立以来,国家十分重视建设工程定额的制定与管理工作。从发展的过程来看,我国的定额制定与管理工作大体上可分为 5 个阶段。

第一阶段(1950—1957 年),是与计划经济相适应的概预算定额制度建立时期。1949 年新中国成立后,百废待兴,全国面临着大规模的恢复重建工作,特别是实施第一个五年计划后,为合理确定工程造价,用好有限的基本建设资金,我国引进了前苏联一套概预算定额管理制度,同时也为新组建的国营建筑施工企业建立了企业管理制度。1957 年颁布的《关于编制工业与民用建设预算的若干规定》要求各个设计阶段都应编制概算和预算,明确了概预算的作用。在这之前,国务院和原国家建设院委会还先后颁布了《基本建设工程设计和预算文件审核批准暂行办法》《工业与民用建设设计及预算编制暂行办法》《工业与民用建设预算编制暂行细则》等文件。这些文件的颁布,建立健全了概预算工作制度,确立了概预算在基本建设工作中的地位,同时对概预算的编制原则、内容、方法和审批、修正办法、程序等做了规定,确立了对概预算编制依据实行集中管理为主的分级管理原则。为了加强概预算的管理工作,我国成立了标准定额司(处),1956 年又单独成立了建筑经济局。同时,各地分支定额管理机构也相继成立。

第二阶段(1958—1965 年),是概预算定额管理工作逐渐被削弱的阶段。1958 年开始,"左"的错误思想影响了国家经济、政治和生活。在中央放权的背景下,概预算与定额管理的权限也全部下放。1958 年 6 月,基本建设预算编制办法、建筑安装工程预算定额和间接费用定额交各省、自治区、直辖市负责管理,其中有关专业性的定额由中央各部(委)负责修订、补充和管理,造成了现在全国工程量计算规则和定额项目在各地区不统一的现象。各级基建管理机构的概预算部门被精简,设计单位概预算人员减少,只算政治账,不讲经济账,概预算控制投资作用被削弱,吃大锅饭,投资大撒手之风逐渐滋长。尽管在短时期内也有过重整定额管理的迹象,但总的趋势并未改变。

第三阶段(1966—1976 年),是概预算定额管理工作遭到严重破坏的阶段。概预算和定额管理机构被撤销,预算人员改行,大量基础资料被销毁,定额被说成"管、卡、压"的工具,造成了设计无概算、施工无预算、竣工无决算、投资大敞口、吃大锅饭的局面。1967 年,原建筑工业部直属企业实行经常费制度。工程完工后向建设单位实报实销,从而使施工企业变成了行政事业单位。这一制度实行了 6 年,于 1973 年 1 月 1 日被迫停止,恢复了建设单位与施工单位施工图预算结算制度。1973 年,我国又制定了《关于基本建设概算管理办法》,但未能实施。

第四阶段(1977 年—20 世纪 90 年代初),是造价管理工作整顿和发展的时期。1976 年,"文化大革命"结束后,国家以经济建设为中心的制度为恢复与重建造价管理制度提供了良好的条件。从 1977 年起,国家恢复重建造价管理机构,至 1983 年 8 月成立了基本建设标准定额局,组织制定工程建设概预算定额、费用标准及工作制度。概预算定额统一归口,1988 年划归建设部管理,成立标准定额司,各省市、各部委建立了定额管理站,全国颁布了一系列推动概预算管理和定额管理发展的文件,并颁布了几十项预算定额、概算定额、估算指标。这些做法,特别是在 20 世纪 80 年代后期,中国建设工程造价管理协会成立,全过程工程造价管理概念逐渐为广大造价管理人员所接受,对推动建筑业改革起到了促进作用。

第五阶段(20 世纪 90 年代至今),这个阶段前期随着市场经济体制的建立,我国在工程施工发包与承包中开始初步实行招投标制度,但无论是业主编制标底,还是施工企业投标报价,在计价的规则上也还都没有超出定额规定的范畴。招投标制度本来引入的是竞争机制,但由于定额的限制而很难竞争,而且人们的思想也习惯了四平八稳,按定额计价,并没有什么竞争意识。

近年来,我国市场化经济已经基本形成,建设工程投资多元化的趋势已经出现。在经济成分中不仅仅包含国有经济、集体经济,民营经济、三资经济、股份经济等纷纷把资金投入建筑市场。企业作为市场的主体,必须是价格决策的主体,并应根据其自身的生产经营状况和市场供求关系决定其产品价格。这就要求企业必须具有充分的定价自主权,再用过去那种单一的、僵化的、一成不变的定额计价方式显然已不适应市场化经济发展的需要。

传统定额模式对招投标工作的影响也是十分明显的。工程造价管理方式还不能完全适应招投标的要求。工程造价管理方式上存在的问题主要有以下几点：

①定额的指令性过强、指导性不足，反映在具体表现形式上主要是统得过死，把企业的技术装备、施工手段、管理水平等本属于竞争内容的活跃因素固定化，不利于竞争机构的发挥。

②量价合一的定额表现形式不适应市场经济对工程造价实施动态管理的要求，难以就人工、材料、机械等价格的变化及时调整工程造价。

③缺乏全国统一的基础定额和计价办法，地区和部门自成系统，且地区间、部门间同样项目的定额水平悬殊，不利于全国统一市场的形成。

④适应编制标底和报价要求的基础定额尚待制定。一直使用的概算指标和预算定额都有其自身适应的范围。概算指标，项目划分比较粗，只适用于初步设计阶段编制设计概算；预算定额，子目和各种系数过多，目前用它来编制标底和报价反映出的问题是工作量大、进度迟缓。

⑤各种取费计算烦琐，取费基础也不统一。长期以来，我国发承包计价、定价是以工程预算定额作为主要依据的。1992年，为了适应建设市场改革的要求，针对工程预算定额编制和使用中存在的问题，原建设部提出了"控制量、指导价、竞争费"的改革措施，将工程预算定额中的人工、材料、机械台班的消耗量和相应的单价分离，这一措施在我国实行市场经济初期起到了积极的作用。但随着建设市场化进程的发展，这种做法难以改变工程预算定额中国家指令性的状况，不能准确地反映各个企业的实际消耗量，不能全面地体现企业的技术装备水平、管理水平和劳动生产率。为了适应目前工程招标投标竞争由市场形成工程造价的需要，对现行工程计价方法和工程预算定额进行改革已势在必行。实行国际通行的工程量清单计价能够反映出工程的个别成本，有利于企业自主报价和公平竞争。

1.1.4　工程建设定额对我国社会主义市场经济的意义

工程建设定额是固定资产再生产过程中的生产消耗定额，反映在工程建设中则是消耗在单位产品上的人工、材料、机械台班的规定额度。这种量的规定，反映了在一定社会生产力发展水平和正常生产条件下，完成建设工程中某项产品与各种生产消费之间的特定的数量关系。

(1) 工程建设定额是对工程建设进行宏观调控和管理的手段

市场经济并不排斥宏观调控，利用定额对工程建设进行宏观调控和管理主要表现在以下三个方面：对经济结构进行合理的调控，包括对企业结构、技术结构和产品结构进行合理调控；对工程造价进行宏观管理和调控；对资源进行合理配置。

(2) 工程建设定额有利于完善市场信息系统

在建筑产品交易过程中，定额能为市场需求主体和供给主体提供较准确的信息，并能反映出不同时期生产力水平与市场实际的适应程度。因此，由定额形成并完善建筑市场信息系统，是我国社会主义市场经济体制的一大特色。

(3) 工程建设定额有利于市场经济竞争

在市场经济规律作用下的商品交易中，特别强调等价交换的原则。所谓等价交换，就是要求商品按价值量进行交换。建筑产品的价值量是由社会必要劳动时间决定的，而定额消耗量标准是建筑产品形成市场公平竞争、等价交换的基础。

1.2 工程建设定额的作用和特点

1.2.1 工程建设定额的作用

在工程建设和企业管理中,确定和执行先进合理的定额是技术和经济管理工作中的重要一环。

(1) 定额是总结先进生产方法的手段

定额是在社会平均水平的条件下,通过对生产流程进行观察、分析、综合而制定的,它可以最严格地反映出生产技术和劳动组织的先进合理程度。因此,我们就可以以定额方法为手段,对同一产品在同一操作条件下的不同生产方式进行观察、分析和总结,从而得到一套比较完整的、优良的生产方法,作为生产中推广的范例。

由此可见,定额是实现工程项目,确定人力、物力和财力等资源需要量,有计划地组织生产,提高劳动生产率,降低工程造价,完成和超额完成计划的重要的技术经济工具,是工程管理和企业管理的基础。

(2) 定额是确定工程造价的依据和评价设计方案经济合理性的尺度

工程造价是根据设计规定的工程规模、工程数量及相应需要的人工、材料、机械设备消耗量及其他必须消耗的资金确定的。其中,人工、材料、机械设备的消耗量又是根据定额计算出来的,定额是确定工程造价的依据。同时,建设项目投资的大小又反映了各种不同设计方案的技术经济水平。因此,定额也是比较和评价设计方案经济合理性的尺度。

(3) 定额是编制计划的基础

工程建设活动需要编制各种计划来组织与指导生产,而计划编制中又需要各种定额来作为计算人力、物力、财力等资源需要量的依据。因此,定额是编制计划的重要基础。

(4) 定额是组织和管理施工的工具

建筑企业要计算和平衡资源需要量、组织材料供应、调配劳动力、签发任务单、组织劳动竞赛、调动人的积极因素、考核工程消耗和劳动生产率、贯彻按劳分配工资制度、计算工人报酬等,都需要利用定额。因此,从组织施工和管理生产的角度来说,定额又是建筑企业组织和管理施工的工具。

1.2.2 工程建设定额的特点

工程建设定额具有科学性、稳定性与时效性、统一性、权威性、系统性等特点。

(1) 科学性

工程建设定额的科学性首先表现在定额是在认真研究客观规律的基础上,自觉地遵守客观规律的要求,实事求是地制定的。因此,它能正确地反映单位产品生产所必需的劳动量,从而以最少的劳动消耗量取得最大的经济效果,促进劳动生产率的不断提高。

工程建设定额的科学性还表现在制定定额所采用的方法上。通过不断吸收现代科学技术的新成就,不断加以完善,形成了一套严密的确定定额水平的科学方法。这些方法不仅在实践中已经行之有效,而且有利于研究建筑产品生产过程中的工时利用情况,从中找出影响劳动消耗的各种主客观因素,设计出合理的施工组织方案,挖掘生产潜力,提高企业管理水平,减少乃至杜绝生产中的浪费现象,促进生产的不断发展。

（2）稳定性与时效性

工程建设定额中的任何一项都是一定时期技术发展和管理水平的反映,因而在一段时间内都表现出稳定的状态。稳定的时间有长有短,一般为5～10年。保持定额的稳定性是维护定额的权威性所必需的,更是有效贯彻定额所必需的。如果某种定额处于经常修改变动之中,那么必然造成定额执行中的困难和混乱,使人们感到没有必要去认真对待它,很容易导致定额权限性的丧失。工程建设定额的不稳定也会给定额的编制工作带来极大的困难。

工程建设定额的稳定性也是相对的。当生产力向前发展,定额就会与生产力不相适应。这样,它原有的作用就会逐步减弱以至消失,需要重新编制或修订。

（3）统一性

工程建设定额的统一性,主要由国家对经济发展的有计划的宏观调控职能决定。为了使国民经济按照既定的目标发展,就需要借助于某些标准、定额、参数等,对工程建设进行规划、组织、调节、控制。而这些标准、定额、参数必须在一定的范围内是一种统一的尺度,才能实现上述职能,进而利用它对项目的决策、设计方案、投标报价、成本控制等进行比选和评价。

工程建设定额的统一性按照其影响力和执行范围来看,有全国统一定额、地区统一定额和行业统一定额等;按照定额的制定、颁布和贯彻使用来看,有统一的程序、统一的原则、统一的要求和统一的用途。

在生产资料私有制的条件下,定额的统一性是很难想象的,充其量也只是工程量计算规则的统一和信息的提供。我国工程建设定额的统一性和工程建设本身的巨大投入和巨大产出有关。它对国民经济的影响不仅表现在投资的总规模和全部建设项目的投资效益等方面,而且往往在具体建设项目的投资数额及其投资效益方面需要借助统一的工程建设定额进行社会监督。这一点和工业生产、农业生产中的工时定额、原材料定额也是不同的。

（4）权威性

工程建设定额具有很大的权威性,这种权威性在一些情况下具有经济法规性质。权威性反映统一的意志和统一的要求,也反映信誉和信赖程度以及严肃性。

工程建设定额的权威性的客观基础是定额的科学性。只有科学的定额才具有权威性。在社会主义市场经济条件下,定额必然涉及各方面的经济关系和利益关系。赋予工程建设定额以权威性是十分重要的。但是在竞争机制被引入工程建设的情况下,定额的水平必然会受市场供求状况的影响,从而在执行中可能产生定额水平的浮动。

在社会主义市场经济条件下,定额的权威性不应该绝对化。定额毕竟是主观对客观的反映,定额的科学性会受到人们认识的局限。与此相关,定额的权威性也就会受到削弱和挑战。更为重要的是,随着投资体制的改革和投资主体多元化格局的形成以及企业经营机制的转换,他们都可以根据市场的变化和自身的情况,自主地调整自己的决策行为。因此,一些与经营决策有关的工程建设定额的权威性特征就弱化了。

（5）系统性

工程建设定额是相对独立的系统。它是由多种定额结合而成的有机整体。它的结构复杂,有鲜明的层次和明确的目标。

工程建设定额的系统性是由工程建设的特点决定的。按照系统论的观点,工程建设就是庞大的实体系统。工程建设定额是为这个实体系统服务的。因而工程建设本身的多种类、多层次就决定了以它为服务对象的工程建设定额的多种类、多层次。从整个国民经济来看,进行固定的资产生产和再生产的工程建设,是一个由多项工程集合体组成的整体。其中包括农林水利、轻纺、机械、煤炭、电力、石油、冶金、化工、建筑工业、交通运输、邮电工程,以及商业物资、科学教育文化、卫生体育、社会福利和住宅工程等。这些工程的建设都有严格的项目划分,如建设项目、单项项目、分部分项工程;在计划和实施过程中有严密的逻辑阶段,如规划、可行性研究、设计、施工、竣工交付使用,以及投入使用后的维修。与此相适应,工程建设定额必然形成多种类、多层次的特征。

1.3 工程建设定额的分类及体系

1.3.1 工程建设定额的分类

工程建设定额反映了工程建设产品和各种资源消耗之间的客观规律。工程建设定额是一个综合概念,它是多种类、多层次单位产品生产消耗数量标准的综合。为了对工程建设定额有一个全面的了解,我们可以按照不同原则和方法对它进行科学的分类。

(1)按照专业性质分类

工程建设定额按照专业性质,可分为建筑工程定额、安装工程定额、仿古建筑及园林工程定额、装饰工程定额、公路工程定额、铁路工程定额、井巷工程定额、水利工程定额等。

(2)按照生产要素分类

生产要素包括劳动者、劳动手段和劳动对象,反映其消耗的定额可分为人工消耗定额、材料消耗定额和机械台班消耗定额三种,如图 1.1 所示。

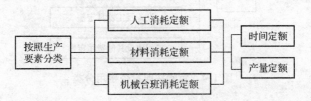

图 1.1 定额按照生产要素分类

(3)按照编制单位和执行范围的不同分类

工程建设定额按照编制单位和执行范围的不同,可分为全国统一定额、行业统一定额、地区统一定额、企业定额和补充定额等 5 种,如图 1.2 所示。

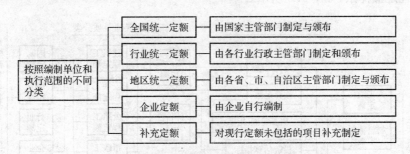

图 1.2 定额按照编制单位和执行范围的不同分类

(4)按照编制程序和用途分类

工程建设定额按照编制程序和用途,可分为施工定额、预算定额、概算定额、概算指标和投资估算指标等 5 种,如图 1.3 所示。

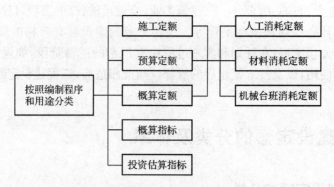

图 1.3 定额按照编制程序和用途分类

（5）按照投资费用分类

工程建设定额按照投资费用分类，可分为直接工程费定额、措施费定额、间接费定额、利润和税金定额、设备及工器具定额、工程建设其他费用定额等 6 种，如图 1.4 所示。

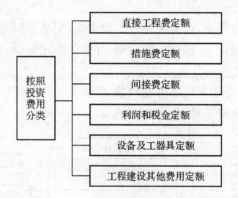

图 1.4 定额按照投资费用分类

1.3.2 工程建设定额体制

在工程建设定额的分类中，可以看出各种定额之间的有机联系。它们相互区别、相互交叉、相互补充、相互联系，从而形成了一个与建设程序分阶段、工作深度相适应、层次分明、分工有序的庞大的工程定额体系，如图 1.5 所示。

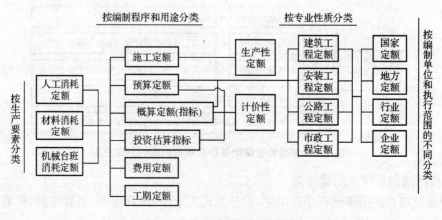

图 1.5 工程定额体系示意图

1.4 工程建设定额的制定及修订

1.4.1 定额的制定

（1）制定平均先进水平定额的意义

①平均先进水平的定额，能调动工人生产积极性，进而提高劳动生产率。由于定额是平均且先进的标准，因此，使工人生产有章可循，即有明确的努力目标。在正常的施工条件下，只要工人通过自己的努力，目标是可以达到或者超过的，因而，定额会激发和调动工人的生产积极性，为社会多做贡献。

②平均先进水平的定额，是施工企业制定内部使用的"企业定额"的理想水平。由于定额是平均先进水平，因而低于先进水平，而又略高于平均水平。这种定额的水平，使先进工人感到有一定的压力，必须努力更上一层楼；使中间工人感到定额水平可望又可及，从而增加达到和超过定额水平的信心；使后进工人感到有压迫力，必须尽快提高操作技术水平，以达到定额水平。

③平均先进水平的定额，会减少资源消耗，提高产品的质量。由于定额不仅规定了一个"数量标准"，而且还有其具体的工作内容和要达到的质量要求。施工生产中如果有了定额，那么"产量的高与低、质量的好与差、消耗的多与少"，就有了一个衡量的标准。总之，平均先进水平的定额起着可以鼓励先进、勉励中间、鞭策落后的作用。因此，定额在施工生产中贯彻执行，必然会提高劳动生产率，并增加工人物质生活福利。因而，定额在促使施工工程缩短工期、加快进度、确保质量、降低成本等诸多方面均有重大的现实意义。

（2）定额制定的要求

①定额是根据生产某种建筑产品，工人劳动的实际情况和用于该产品的材料消耗、机械台班使用情况，并考虑先进施工方法的推广程度，分别通过调查、研究、测定、分析、讨论和计算之后所制定出来的标准。因此，定额是平均的，同时又是先进的标准。

②定额的制定应符合从实际出发，体现"技术先进、经济合理"的要求。同时，也要考虑"适当留有余地"，反映正常施工条件下，施工企业的生产技术和管理水平。

1.4.2 定额的修订

定额水平不是一成不变的，而是随着社会生产力水平的变化而变化的。定额只是一定时期社会生产能力的反映。随着科学技术的发展和定额对社会劳动生产率的不断促进，定额水平往往落后于社会劳动生产率水平。当定额水平已经不能促进生产和管理，甚至影响进一步提高劳动生产率时，就应当修订已陈旧的定额，以达到新的平衡。

1.5 工程定额计价

1.5.1 定额计价的概念

定额计价时以定额单价法确定工程造价，是我国采用的一种与计划经济相适应的工程造价管理制度。定额计价实际上是国家通过颁布统一的估算指标、概算指标以及概算、预算和有关定额，来对建筑产品价格进行有计划的管理。国家以假定的建筑安装产品为对象，制定统一的预算和概算定额,计算出每一单元子项的费用后,再综合成整个工程的价格。

1.5.2 定额计价的性质

我国建筑产品价格市场化经历了"国家定价、国家指导价、国家调控价"三个阶段。定额计价是以概预算定额、各种费用定额为基础依据,按照规定的计算程序确定工程造价的特殊计价方法。因此,利用工程建设定额计算工程造价就价格形成而言,介于国家指导价和国家调控价之间。

(1) 第一阶段——国家定价阶段

主要特征是:

①这种"价格"分为设计概算、施工图预算、工程费用签证和竣工结算。

②这种"价格"属于国家定价的价格形式,国家是这一价格形式的决策主体。

(2) 第二阶段——国家指导价阶段

其价格形成的特征是:

①计划控制性。作为评标基础的标底价格要按照国家工程造价管理部门规定的定额和有关取费标准制定,标底价格的最高数额受国家批准的工程概算控制。

②国家指导性。国家工程招标管理部门对标底的价格进行审查,管理部门组成的监督小组直接监督、指导大中型工程招标、投标、评标和决标过程。

③竞争性。投标单位可以根据本企业的条件和经营状况确定投标报价,并以价格作为竞争承包工程手段。招标单位可以在标底价格的基础上,择优确定中标单位和工程中标价格。

(3) 第三阶段——国家调控价阶段

国家调控招标投标价格形成的特征如下:

①自发形成。应由工程承发包双方根据工程自身的物质劳动消耗、供求状况等协商议定,不受国家计划调控。

②自发波动。随着工程市场供求关系的不断变化,工程价格经常处于上升或者下降的波动之中。

③自发调节。通过价格的波动,自发调节着建筑产品的品种和数量,以保持工程投资与工程生产能力的平衡。

1.5.3 定额计价的依据

工程定额计价的依据主要有以下几个方面。

(1) 经过批准和会审的全部施工图设计文件

在编制施工图预算或清单报价之前,施工图纸必须经过建设主管部门批准,同时还要经过图纸会审,并签署"图纸会审纪要"。审批和会审后的施工图纸及技术资料表明了工程的具体内容、各部分的做法、结构尺寸、技术特征等,它是计算工程量的主要依据。造价部门不仅要拥有全部施工图设计文件和"图纸会审纪要",而且要拥有图纸所要求的全部标准图。

(2) 经过批准的工程设计概算文件

设计单位编制的设计概算文件经过主管部门批准后,是国家控制工程投资最高限额和单位工程造价的主要依据。如果施工图预算所确定的投资总额超过设计概算,则应调整设计概算,并经原批准部门批准后,方可实施。施工企业编制的施工图预算或投标报价是由建设单位根据设计概算文件进行控制的。

（3）经过批准的项目管理实施规划或施工组织设计

项目管理实施规划或施工组织设计是确定单位工程的施工方法、施工进度计划、施工现场平面布置和主要技术措施等内容的文件，是对建筑安装工程规划、组织施工有关问题的设计说明。拟建工程项目管理实施规划或施工组织设计经有关部门批准后，就成为指导施工活动的重要技术经济文件，它所确定的施工方案和相应的技术组织措施就成为造价部门必须具备的依据之一，它也是计算分项工程量，选套预算单价和计取有关费用的重要依据。

（4）建筑工程消耗量定额或计价规范

国家和地方颁发的现行建筑工程消耗量定额及计价规范，都详细地规定了分项工程项目划分、分项工程内容、工程量计算规则和定额项目使用说明等内容。因此，它们是编制施工图预算和标底的主要依据。

（5）单位估价表或价目表

单位估价表或价目表是确定分项工程费用的重要文件，是编制建筑工程招标标底的主要依据，也是计取各项费用的基础和换算定额单价的主要依据。

（6）人工工资单价、材料价格、施工机械台班单价

这些资料是计算人工费、材料费和机械台班使用费的主要依据，是编制工程综合单价的基础，是计取各项目费用的重要依据，也是调整价差的依据。

（7）建筑工程费用定额

建筑工程费用定额规定了建筑安装工程费用中的管理费用、利润和税金的取费标准和取费方法，它是在建筑安装工程中人工费、材料费和机械台班施工费计算完毕后，计算其他各种费用的主要依据。工程费用随地区不同取费标准也不同。按照国家规定，各地区制定了建筑工程费用定额，它规定了各项费用取费标准，这些标准是确定工程造价的基础。

（8）造价工作手册

造价工作手册是造价人员必备的参考书，它主要包括各种常用数据的计算公式、各种标准构件的工程量和材料量、金属材料规格和计量单位之间的换算，以及投资估算指标、概算指标、单位工程造价指标和工期定额等参考资料。它能为准确、快速地编制施工图预算和清单报价提供方便。

（9）工程承发包合同文件

施工企业和建设单位之间签订的工程承发包合同文件中的若干条款，如工程承包形式、材料设备供应方式、材料供应价格、工程款结算方式、费率系数或包干系数等，在编制施工图预算和清单报价时必须充分考虑，认真执行。

1.5.4 定额计价的方法

建设工程造价编制的最基本内容有两个：工程量计算和工程计价。为统一口径，工程量计算均按照统一的项目划分和工程量计算规则计算。工程量确定以后，就可以按照一定的方法确定出工程的成本及盈利，最终就可以确定出工程预算造价。定额计价就是一个量与价结合的问题。概预算单位价格的形成过程，就是依据概预算定额所确定的消耗量乘以定额单价或市场价，经过不同层次的计算达到量与价的最优结合的过程。

1.5.5 工程定额计价方法改革及发展方向

（1）在计划经济体制下的定额计价制度

国内工程造价管理体现出以下特点：

①政府特别是中央政府是工程项目的唯一投资主体。

②建筑业不是生产部门,而是消费部门。

③工程造价管理被简单地理解为投资的节约。

(2) 市场经济体制下的定额计价制度的改革

工程定额计价制度第一阶段改革的核心思想是"量价分离",即由国务院建设行政主管部门制定符合国家有关标准、规范,并反映一定时期施工水平的人工、材料、机械等消耗量标准,实现国家对消耗量标准的宏观管理。对人工、材料、机械的单价等,由工程造价管理机构依据市场价格的变化发布工程造价相关信息和指数,将过去完全由政府计划统一管理的定额计价改变为"控制量、指导价、竞争费"。

工程定额计价制度改革的第二阶段的核心问题是工程造价计价方式的改革。在建设市场的交易过程中,传统的定额计价制度与市场主体要求拥有自主定价权之间发生了矛盾和冲突,主要表现为:

①浪费了大量的人力、物力,招投标双方存在着大量的重复劳动。

②投标单位的报价按统一定额计算,不能按照自己的具体施工条件、施工设备和技术专长来确定报价;不能按照自己的采购优势来确定材料预算价格;不能按照企业的管理水平来确定工程的费用开支;企业的优势体现不到投标报价中。

政府主管部门推行了工程量清单计价制度,以适应市场定价的改革目标。在这种定价方式下,工程量清单报价由招标者给出工程清单,投标者填单价,单价完全依据企业技术、管理水平的整体实力而定,充分发挥工程建设市场主体的主动性和能动性,是一种与市场经济相适应的工程计价方式。

1.6 预算定额手册简介

预算定额手册基本内容主要由目录、总说明、建筑面积计算规则、分部工程(分部说明、工程量计算规则、定额项目表)以及有关附录组成。预算定额的组成如图 1.6 所示。

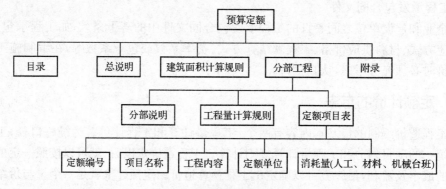

图 1.6 预算定额的组成

(1) 总说明

总说明是综合说明定额的编制原则、指导思想、编制依据、适用范围以及使用注意事项等,也说明编制定额时已经考虑的因素与有关规定和使用方法。因此,在使用定额前首先应阅读这部分内容。

（2）建筑面积计算规则

建筑面积是分析建筑安装工程技术经济指标的重要依据,根据建筑面积计算规则计算每一单位建筑面积的工程量、造价、用工和用料等,可与同类结构性质的工程量进行比对。如相差悬殊,可检查计算过程是否有误。

（3）分部说明

分部说明主要说明该分部所包括的工程项目、工作内容及主要施工过程,工程量计算方法以及计算单位、尺寸及起始范围,应扣除和应增加的部分,以及计算附录表。有的还包括计价说明和定额调整与换算等规定的说明。这部分是工程量计算与计价的基础,需全面掌握。

（4）定额项目表

在定额项目中,"人工"一般以工种、工日数以及合计工日数表示。"材料"栏列出主要材料消耗量、其他材料费等。"机械"栏列出主要机械消耗量和其他机械费用。在定额项目表还可列出根据取定的工资标准及材料预算价格等分别计算出的人工、材料、机械费用及其预算基价,即单位估价表部分。

（5）附录、附件或附表

预算定额的最后一个组成部分就是附录、附件或附表,有建筑机械台班费用定额表、各种混合材料的配合比表等。

2 人工、材料、机械台班消耗定额的确定

2.1 建筑安装工程施工过程研究

1) 施工过程及其分类

①根据施工过程组织上的复杂程度，可以分解为工序、工作过程和综合工作过程。

a. 工序是在组织上不可分割的，在操作过程中技术上属于同类的施工过程。工序的特征是：工作者不变，劳动对象、劳动工具和工作地点也不变。工序是工艺方面最简单的施工过程。在编制施工定额时，工序是基本的施工过程，是主要的研究对象。

b. 工作过程是由同一工人或同一小组所完成的在技术操作上相互有机联系的工序的总和。

c. 综合工作过程是同时进行的，在组织上有机地联系在一起的，并且最终能获得一种产品的施工过程的总和。

②按照工艺特点，施工过程可以分为循环施工过程和非循环施工过程两类。

2) 工作时间分类

研究施工中的工作时间最主要的目的是确定施工的时间定额和产量定额，其前提是对工作时间按其消耗性质进行分类，以便研究工时消耗的数量及其特点。

工作时间，指的是工作班延续时间。例如8小时工作制的工作时间就是8小时，午休时间不包括在内。对工作时间消耗的研究，可以分为两个系统进行，即工人工作时间的消耗和工人所使用的机器工作时间的消耗。

(1) 工人工作时间消耗的分类

工人在工作班内消耗的工作时间，按其消耗的性质，基本可以分为两大类：必需消耗的时间和损失时间，如图2.1所示。

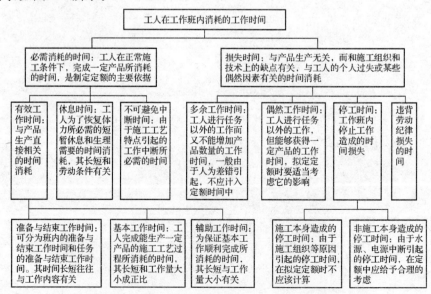

图 2.1 工人在工作班内消耗的工作时间分类图

①必需消耗的工作时间是工人在正常施工条件下，为完成一定合格产品（工作任务）所消耗的时间，是制定定额的主要依据，包括有效工作时间、休息时间和不可避免中断时间的消耗。

a. 有效工作时间是从生产效果来看与产品生产直接有关的时间消耗。其中，包括基本工作时间、辅助工作时间、准备与结束工作时间的消耗。

• 基本工作时间是工人完成能生产一定产品的施工工艺过程所消耗的时间。通过这些工艺过程可以使材料改变外形，如钢筋煨弯等；可以改变材料的结构与性质，如混凝土制品的养护干燥等；可以使预制构配件安装组合成型；也可以改变产品外部及表面的性质，如粉刷、油漆等。基本工作时间所包括的内容依工作性质各不相同。基本工作时间的长短和工作量大小成正比。

• 辅助工作时间是为保证基本工作顺利完成所消耗的时间。在辅助工作时间里，不能使产品的形状大小、性质或位置发生变化。辅助工作时间的结束，往往就是基本工作时间的开始。辅助工作一般是手工操作。但如果在机手并动的情况下，辅助工作是在机械运转过程中进行的，为避免重复则不应再计辅助工作时间的消耗。辅助工作时间长短与工作量大小有关。

• 准备与结束工作时间是执行任务前或任务完成后所消耗的工作时间。如工作地点、劳动工具和劳动对象的准备工作时间，工作结束后的整理工作时间等。准备和结束工作时间的长短与所担负的工作量大小无关，但往往和工作内容有关。这项时间消耗可以分为班内的做准备与结束工作时间和任务的准备与结束工作时间。其中，任务的准备与结束工作时间是在一批任务的开始与结束时产生的，如熟悉图纸、准备相应的工具、事后清理场地等，通常不反映在每一个工作班里。

b. 休息时间是工人在工作过程为恢复体力所必需的短暂休息和生理需要的时间消耗。这种时间是为了保证工人精力充沛地进行工作，所以在定额时间中必须进行计算。休息时间的长短和劳动条件、劳动强度有关，劳动越繁重紧张、劳动条件越差（如高温），则休息时间需越长。

c. 不可避免的中断所消耗的时间是由于施工工艺特点引起的工作中断所必需的时间。与施工过程工艺特点有关的工作中断时间，应包括在定额时间内，但应尽量缩短此项时间消耗。

②损失时间是与产品生产无关，而与施工组织和技术上的缺点有关，与工人在施工过程中的个人过失或某些偶然因素有关的时间损耗，损失时间中包括多余工作时间、偶然工作时间、停工时间、违背劳动纪律所引起的工时损失。

a. 多余工作时间，就是工人进行了任务以外而又不能增加产品数量的工作时间。如重砌质量不合格的墙体。多余工作的时间损失，一般都是由于工程技术人员和工人的差错而引起的，因此，不应计入定额时间中。

b. 偶然工作时间也是工人在任务外进行的工作时间，但能够获得一定产品。如抹灰不得不补上偶然遗留的墙洞等。由于偶然工作能获得一定产品，拟定定额时要适当考虑它的影响。

c. 停工时间，是工作班内停止工作造成的工时损失。停工时间按其性质可分为施工本身造成的停工时间和非施工本身造成的停工时间两种。施工本身造成的停工时间，是由于施工组织不善、材料供应不及时、工作面准备工作做得不好、工作地点组织不良等情况引起的停工时间。非施工本身造成的停工时间，是由于水源、电源中断引起的停工时间。前一种情况在拟定定额时不应该计算，后一种情况定额中应给予合理的考虑。

d. 违背劳动纪律造成的工作时间损失，是指工人在工作班开始和午休后的迟到、午饭前和工作班结束前的早退、擅自离开工作岗位、工作时间内聊天或办私事等造成的工时损失。由于个别工人违背劳动纪律而影响其他工人无法工作所造成的时间的损失，也包括在内。

（2）机器工作时间消耗的分类

在机械化施工过程中,对工作时间消耗的分析和研究,除了要对工人工作时间的消耗进行分类研究之外,还需要分类研究机器工作时间的消耗。机器工作时间的消耗,按其性质也分为必需消耗的时间和损失的工作时间两大类,如图 2.2 所示。

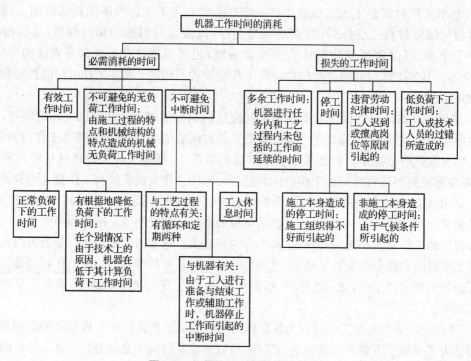

图 2.2　机器工作时间的消耗分类

①在必需消耗的工作时间里,包括有效工作时间、不可避免的无负荷工作时间和不可避免的中断时间三项时间消耗。

a. 在有效工作时间的消耗中又包括正常负荷下的工作时间、有根据地降低负荷下的工时消耗。

· 正常负荷下的工作时间,是机器在与机器说明书规定的额定负荷相符的情况下进行的工作时间。

· 有根据地降低负荷下的工作时间,是在个别情况下由于技术上的原因,机器在低于其计算负荷下工作的时间。例如,汽车运输重量轻而体积大的货物时,不能充分利用汽车的载重吨位因而不得不降低其计算负荷。

b. 不可避免的无负荷工作时间,是由施工过程的特点和机械结构的特点造成的机械无负荷工作时间。例如,筑路机在工作区末端调头等,就属于此项工作时间的消耗。

c. 不可避免的中断工作时间是与工艺过程的特点、机器的使用和保养、工人休息时间有关的中断时间。

· 与工艺过程的特点有关的不可避免中断时间,又分为循环的和定期的两种。循环的不可避免中断,是在机器工作的每一个循环中重复一次。如汽车装货和卸货时的停车。定期的不可避免中断,是经过一定时期重复一次。比如把灰浆泵由一个工作地点转移到另一个工作地点时的工作中断。

· 与机器有关的不可避免中断工作时间,是由于工人进行准备与结束工作或辅助工作时,机器停止工作而引起的中断工作时间。它是与机器的使用与保养有关的不可避免中断时间。

• 工人休息时间,前面已经作了说明。这里要注意的是,应尽量利用与工艺过程有关的和与机器有关的不可避免中断时间进行休息,以充分利用工作时间。

②损失的工作时间包括多余工作时间、停工时间、违背劳动纪律所消耗的工作时间和低负荷下的工作时间。

a. 多余工作时间,一是机器进行任务内和工艺过程内未包括的工作而延续的时间。如工人没有及时供料而使机器空运转的时间;二是机械在负荷下所做的多余工作,如混凝土搅拌机搅拌混凝土时超过规定搅拌时间,即属于多余工作时间。

b. 停工时间,按其性质也可分为施工本身造成和非施工本身造成的停工。前者是由于施工组织得不好而引起的停工现象,如由于未及时供给机器燃料而引起的停工。后者是由于气候条件所引起的停工现象,如暴雨时压路机的停工。上述停工中延续的时间,均为机器的停工时间。

c. 违背劳动纪律引起的机器的时间损失,是指由于工人迟到早退或撤离岗位等原因而引起的机器停工时间。

d. 低负荷下的工作时间,是由于工人或技术人员的过错所造成的施工机械在降低负荷的情况下工作的时间。例如,工人装车的砂石数量不足引起的汽车在降低负荷的情况下工作所延续的时间。此项工作时间不能作为计算时间定额的基础。

2.2 测定时间消耗的基本方法——计时观察法

计时观察法种类很多,最主要的有三种,如图 2.3 所示。

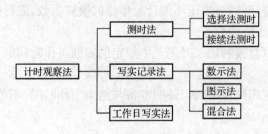

图 2.3 计时观察法的种类

(1) 测时法

测时法主要适用于测定定时重复的循环工作的工时消耗,是精确度比较高的一种计时观察法。

①测时法的分类。根据具体测时手段不同,可将测时法分为选择法测时和接续法测时两种。其中接续法测时比选择法测时更准确、完善,但观察技术也较之复杂。

②测时法的观察次数。需要的观察次数与要求的算术平均值精确度及数列的稳定系数有关。

(2) 写实记录法

写实记录法是一种研究各种性质的工作时间消耗的方法。包括基本工作时间、辅助工作时间、不可避免中断时间、准备与结束时间以及各种损失时间。采用这种方法,可以获得分析工作时间消耗和制定额所必需的全部资料。写实记录法的观察对象,可以是一个工人,也可以是一个工人小组。

①写实记录法的分类。写实记录法按记录时间的方法不同分为数示法、图示法和混合法三种。

a. 数示法写实记录。数示法是三种写实记录法中精确度较高的一种,可以同时对两个工人进行观察,用来对整个工作班或半个工作班进行长时间观察,因此能反映工人或机器工作日的全部情况。

b. 图示法写实记录。图示法可同时对三个以内的工人进行观察。

c. 混合法写实记录。混合法吸取数示和图示两种方法的优点,适用于三个以上工人的小组工时消耗的测定与分析。

②写实记录法的延续时间。需考虑的因素包括:所测施工过程的广泛性和经济价值;已经达到的功效水平的稳定程度;同时测定不同类型施工过程的数目;被测定的工人人数以及测定完成产品的可能次数等。

(3)工作日写实法

工作日写实法,是一种研究整个工作班内的各种工时消耗的方法。运用工作日写实法主要有两个目的,一是取得编制定额的基础资料;二是检查定额的执行情况,找出缺点,改进工作。

2.3　确定人工定额消耗量的基本方法

(1)确定工序作业时间

工序作业时间由基本工作时间和辅助工作时间组成。

①基本工作时间消耗一般应根据计时观察资料来确定。其做法是,首先确定工作过程每一组成部分的工时消耗,然后综合出工作过程的工时消耗。如果组成部分的产品计量单位和工作过程的产品计量单位不符,就需先求出不同计量单位的换算系数,进行产品计量单位的换算,然后相加,求出工作过程的工时消耗。

②辅助工作时间可以直接利用工时规范中规定的辅助工作时间的百分比来计算。

(2)确定规范时间

规范时间内容包括工序作业时间以外的准备与结束工作时间、不可避免的中断时间以及休息时间。

(3)拟订定额时间

拟订定额时间的公式为:

$$工序作业时间＝基本工作时间＋辅助工作时间$$

$$规范时间＝准备与结束工作时间＋不可避免的中断时间＋休息时间$$

$$工序作业时间＝基本工作时间＋辅助工作时间＝基本工作时间/(1－辅助工作时间\%)$$

$$定额时间＝\frac{工序作业时间}{1－规范时间\%}$$

2.4　确定机械台班定额消耗量的基本方法

确定机械台班定额消耗量的基本方法为:

$$施工机械台班产量定额＝机械1h纯工作正常生产率×工作班纯工作时间$$

或　施工机械台班产量定额＝机械1h纯工作正常生产率×工作班延续时间×

机械正常利用系数

$$施工机械时间定额＝\frac{1}{机械台班产量定额指标}$$

其中,机械纯工作时间,就是指机械的必需消耗时间。机械1h纯工作正常生产率,就是在正常施工组织条件下,具有必需的知识和技能的技术工人操纵机械1h的生产率。机械的正常利用系数,是指机械在工作班内对工作时间的利用率。

2.5　确定材料定额消耗量的基本方法

（1）材料的分类

根据材料消耗的性质划分,施工中材料的消耗可分为必需的材料消耗和损失的材料消耗两类。

根据材料消耗与工程实体的关系划分,施工中的材料又可分为实体材料和非实体材料两类。

（2）确定材料消耗量的基本方法

①利用现场技术测定法,主要是编制材料损耗定额。

②利用实验室试验法,主要是编制材料净用量定额。

③采用现场统计法。这种方法由于不能分清材料消耗的性质,因而不能作为确定材料净用量定额和材料损耗定额的依据。

④理论计算法,是运用一定的数学公式计算材料消耗定额。

3　人工、材料、机械台班单价的确定

3.1　人工单价的组成与确定方法

3.1.1　人工单价的概念

人工单价是指一个建筑安装生产工人一个工作日在计价时应计入的全部人工费用。反映了建筑安装生产工人的工资水平和一个工人在一个工作日中可以得到的报酬。

3.1.2　人工单价的组成

人工单价一般包括生产工人基本工资、生产工人工资性补贴、生产工人辅助工资、职工福利费、生产工人劳动保护费。

（1）生产工人基本工资

发放给生产工人的基本工资，执行岗位工资和技能工资制度。工人岗位工资标准设 8 个岗次，技能工资分初级工、中级工、高级工、技师和高级技师五类，工资标准分 33 档。基本工资的计算公式为：

$$基本工资(G1)=\frac{生产工人平均月工资}{年平均每月法定工作日}$$

（2）生产工人工资性补贴

指按规定标准发放的工资性补贴，包括物价补贴、煤、燃气补贴、交通费补贴、住房补贴、流动施工津贴及地区津贴等。生产工人工资性补贴的计算公式为：

$$工资性补贴(G2)=\frac{\sum 年发放标准}{年法定工作日}+\frac{\sum 月发放标准}{年平均每月法定工作日}+每工作日发放标准$$

（3）生产工人辅助工资

生产工人有效施工天数以外非作业天数的工资，包括职工学习、培训期间的工资，调动工作、探亲、休假期间的工资，因气候影响的停工工资，女工哺乳时间的工资，病假在 6 个月以内的工资及产、婚、丧假期的工资。

$$生产工人辅助工资(G3)=\frac{全年无效工作日\times(G1+G2)}{年法定工作日}$$

（4）职工福利费

按规定标准计提的职工福利费，其计算公式为：

$$职工福利费(G4)=(G1+G2+G3)\times 福利费计提比例(\%)$$

（5）生产工人劳动保护费

按规定标准发放的劳动保护用品等的购置费及修理费，徒工服装补贴，防暑降温费，在有碍身体健康环境中的施工保健费用等。

$$生产工人劳动保护费(G5)=\frac{生产工人年平均支出劳动保护费}{年法定工作日}$$

3.1.3 影响人工单价的因素

影响人工单价的因素包括：

①社会平均工资水平。建筑安装工人人工单价必然和社会平均工资趋同。社会平均工资取决于经济发展水平。

②生活消费指数。生活消费指数的提高会促使人工单价提高，以减小生活水平的下降，或维持原有的生活水平。

③人工单价的组成内容。如住房消费、养老保险、医疗保险、失业保险等，若列入人工单价，会使人工单价提高。

④劳动力市场供需变化。在劳动力市场，如果需求大于供给，人工单价提高；供给大于需求，市场竞争激烈，人工单价就会下降。

⑤政府推广的社会保障和福利政策也会影响人工单价的变动。

3.2 材料单价的组成与确定方法

3.2.1 材料价格的构成

材料价格是指材料(构件、成品及半成品等)从其来源地(或交货地点、供应者仓库提货地点)到达施工工地仓库(施工地点内存放材料的地点)后出库的综合平均价格。材料价格一般由材料原价、材料运杂费、运输损耗费、采购及保管费组成，上述四项费用构成材料基价，在计价时，材料费还包括单独列项计算的检验试验费。

3.2.2 材料价格的分类

材料价格按适用范围划分，可分为地区材料价格和某项工程使用的材料价格。地区材料价格是按地区编制，供该地区所有工程使用；某项工程使用的材料价格，是以一个工程为编制对象，专供工程项目使用。地区材料价格和某项工程使用的材料价格的编制原理和方法是一致的，只是在材料来源地、运输数量权数等具体数据上有所不同。

3.2.3 材料价格的编制依据和确定方法

1) 材料基价

材料基价是由材料原价(供应价格)、材料运杂费、运输损耗费以及采购保管费合计而成的。

(1) 材料原价(供应价格)

材料原价是材料的出厂价格、进口材料抵岸价、销售部门的批发牌价或市场采购价格。

材料原价的确定。当某种材料由不同地点供应，其供应能力、数量、价格不同时，可以采取加权平均值计算法计算。其计算公式为：

$$加权平均原价=(K_1C_1+K_2C_2+\cdots+K_nC_n)/(K_1+K_2+\cdots+K_n)$$

式中:K——各不同供应地点的供应量或各不同使用地点的需要量;

C——各不同供应地点的原价。

（2）材料运杂费

材料自来源地运至工地仓库或指定堆放地点所发生的全部费用。其计算公式为:

$$加权平均运杂费 = (K_1T_1 + K_2T_2 + \cdots + K_nT_n)/(K_1 + K_2 + \cdots + K_n)$$

式中:K——各不同供应点的供应量或各不同使用地点的需求量;

T——各不同运距的运费。

（3）运输损耗费

指材料在运输装卸过程中不可避免的损耗费用。其计算公式为:

$$运输损耗 = (材料原价 + 运杂费) \times 相应材料损耗率$$

（4）采购及保管费

指材料供应部门（包括工地仓库及其以上各级材料主管部门）在组织采购、供应和保管材料过程中所需的各项费用,包含采购费、仓储费、工地管理费和仓储损耗。其计算公式为:

$$采购及保管费 = (材料原价 + 运杂费 + 运输损耗费) \times 采购及保管费率$$
$$材料基价 = [(供应价格 + 运杂费) \times (1 + 运输损耗率)] \times (1 + 采购及保管费率)$$

2）检验试验费

包括建筑材料、构件和建筑安装物进行一般鉴定、检查所发生的费用,包括自设试验室进行试验所耗用的材料和化学药品等费用。不包括新结构、新材料的试验费和建设单位对具有出厂合格证明的材料进行检验,对构件做破坏试验及其他特殊要求检验试验的费用。其计算公式为:

$$检验试验费 = \sum (单位材料量检验试验费 \times 材料消耗量)$$

3.2.4　影响材料价格变动的因素

影响材料价格变动的因素包括:

①市场供需变化。材料原价是材料价格中最基本的组成。市场供大于求,价格就会下降;反之,就会上升。从而就会影响材料价格的涨落。

②材料生产成本的变动直接影响材料价格的波动。

③流通环节的多少和材料供应体制影响材料价格。

④运输距离和运输方法的改变影响材料运输费用的增减,从而影响材料价格。

⑤国际市场行情对进口材料价格产生影响。

3.3　机械台班单价的组成与确定方法

施工机械台班使用费是指在正常运转情况下,施工机械在一个工作班（8 小时）中应分摊和所支出的各种费用之和,等于完成全部工程内容所需定额机械台班消耗量乘以机械台班单价（或租赁单价）计算而成。机械台班单价,也称机械台班预算价格,是指一台施工机械在正常运转情况下一个台班（8 小时）所支出分摊的各种费用之和。机械台班预算价格一般是在该机械折旧费(及大修费)的基础上加上相应的运行成本等费用。

3.3.1 机械台班单价的组成

机械台班单价由第一类费用(不变费用)和第二类费用(可变费用)组成,其中第一类费用包括基本折旧费、台班大修理费、台班经常修理费、安拆费及场外运费;第二类费用包括燃料动力费、人工费、养路费及车船使用税等。

3.3.2 机械台班单价的编制依据和确定方法

1) 第一类费用(不变费用)

第一类费用的特点是不管机械运转程度如何,都必须按所需费用分摊到每一台班中去,不因施工地点、条件的不同发生变化,是一项比较固定的经常性费用,故称不变费用。

(1) 基本折旧费

基本折旧费是指机械设备在规定的寿命期(即使用年限或耐用总台班)内,陆续收回其原值及支付利息而分摊到每一台班的费用。其计算公式为:

$$台班折旧费=\frac{机械预算价格\times(1-残值率)\times贷款利息系数}{耐用总台班}$$

折旧费的确定依据:

$$机械预算价=销售价\times(1-购置附加费)+运杂费$$
$$贷款利息系数 =1+[(n+1)/2]\times i$$

式中:n——国家有关文件规定的此类机械折旧年限;

i——当年银行贷款利率。

耐用总台班的确定依据:

$$耐用总台班=折旧年限\times年工作台班$$

(2) 台班大修理费

台班大修理费是指机械设备按规定的大修理间隔台班必须进行大修理,以恢复其正常功能所需的费用。其计算公式为:

$$台班大修理费=\frac{一次大修理费\times寿命期大修理次数}{耐用总台班}$$

(3) 台班经常修理费

台班经常修理费是指机械设备在一个大修理期内的中修和定期的各种保养(包括一、二、三级保养)所需的费用。其计算公式为:

$$台班经常修理费 =\frac{\sum(各级保养一次费用\times寿命期各级保养总数)+临时排除故障费}{耐用总台班}+$$

$$替换设备台班摊销费+工具附具台班摊销费+例保辅料费$$

简化计算公式:台班经修费=台班大修理费$\times K$

式中:$K=$台班经修费/台班大修理费。

(4) 安拆费及场外运输费

安拆费是指机械在施工现场进行安装、拆卸所需的人工、材料、机械和试运转费用,以及安装所需的机械辅助设施的折旧、搭设、拆除等费用。

场外运输费是指机械整体或分件从停置地点运至施工现场,或由一工地运至另一工地的运输、装卸、辅助材料以及架线等费用。

·2）第二类费用（可变费用）

第二类费用的特点是只有机械作业运转时才发生,也称一次性费用或可变费用。

这类费用必须按照《全国统一施工机械台班费用定额》规定的相应实物量指标分别乘以预算价格即编制地区人工日工资和材料、燃料等动力资源的价格进行计算。

（1）燃料动力费

燃料动力费是指机械设备运转施工作业中所耗用的固体燃料（煤炭、木柴）、液体燃料（汽油、柴油）、电力、水和风力等的费用。

$$台班燃料动力费＝台班燃料动力消耗量×相应单价$$

（2）人工费

人工费是指机上司机、司炉及其他操作人员的基本工资和工资性的各种津贴。

$$人工费＝定额机上人工工日×日工资单价$$

$$定额机上人工工日＝机上定员工日×（1＋增加工日系数）$$

$$增加工日系数＝\frac{年日历天数－规定节假公休日－辅助工资中年非工作日－年工作台班}{机械年工作台班}$$

（3）养路费及车船使用税

养路费及车船使用税是指机械按照国家有关规定应缴纳的养路费及车船使用税。

$$养路费及车船使用税＝\frac{载重量（或核定吨位）×（年养路费＋年车船使用税）}{机械年工作台班}$$

（4）保险费

保险费是指机械按照国家有关规定应缴纳的第三责任保险、车主保险费等。

3.3.3 影响机械台班单价的因素

影响机械台班单价的因素包括：

①施工机械的价格。

②机械使用寿命。

③机械的使用效率和管理水平。

④政府征收税费的规定等。

第二篇 工程定额体系

4 概算定额、概算指标和投资估算指标

4.1 概算定额

4.1.1 概算定额的概念

概算定额是指生产一定计量单位的经扩大的建筑工程结构构件或分部分项工程所需要的人工、材料、机械台班的消耗数量及费用的标准。

概算定额是在预算定额的基础上,根据有代表性的建筑工程通用图和标准图等资料,进行综合、扩大和合并而成。因此,建筑工程概算定额,又称"扩大结构定额"。

4.1.2 概算定额的作用

正确合理的编制概算定额对提升概算的质量,加强基本建设与基本管理,合理使用建设资金、降低建设成本,充分发挥投资效果等方面,都具有重要的作用。其作用主要表现在:

①概算定额是在扩大初步设计阶段编制概算,在技术设计阶段编制修正概算的主要依据。

②概算定额是编制建设安装工程主要材料申请计划的基础。

③概算定额是进行设计方案技术经济比较和选择的依据。

④概算定额是编制概算指标的计算基础。

⑤概算定额是确定基本建设项目投资额、编制基本建设计划、实行基本建设大包干、控制基本建设投资和施工图预算造价的依据。

4.1.3 概算定额与预算定额的联系与区别

概算定额与预算定额的相同之处都是以建(构)筑物各个结构部分或分部分项工程为单位代表的,内容也都包括人工材料机械台班使用量定额的三个基本部分,并列有定额基准价。其计算公式为:

定额基准价 = 定额单位人工费 + 定额单位材料费 + 定额单位机械费

$$= 人工概算定额消耗量 \times 人工工资单价 + \sum (材料概算定额消耗量$$

$$\times 材料预算定额) + \sum (施工机械概算定额消耗量 \times 机械台班费用单价)$$

概算定额表达的主要内容、表达的主要方式及基本使用方法都与预算定额相近。

概算定额与预算定额的不同之处,在于项目划分和综合扩大程度上的差异,同时,概算定额主要用于设计概算的编制。由于概算定额综合了若干分部分项工程的预算定额,因此,概算工程量的计算和概算表的编制都比编制施工图预算简化了很多。

编制概算定额时,应考虑到能适应规划、设计、施工各阶段的要求。概算定额与预算定额应保持一致水平,即在正常条件下,反映大多数企业的设计、生产及施工管理水平。

概算定额的内容和深度是以预算定额为基础的综合与扩大。在合并中不得遗漏或增加细目,以保证定额数据的严密性和正确性,概算定额务必达到简化、准确和适用。

4.1.4 概算定额的编制

(1) 概算定额的编制依据

概算定额的编制依据主要有:

①现行的全国通用的设计标准、规范和施工验收规范。

②现行的预算定额。

③过去颁发的概算定额。

④标准设计和有代表性的设计图纸。

⑤现行的人工工资标准、材料预算价格和施工机械台班单价。

⑥有关施工图预算和结算资料。

(2) 概算定额的编制原则

概算定额的编制原则主要有:

①为了稳定概算定额水平,统一考核尺度和简化计算工程量,编制概算定额时,原则上不留“活口”(活口就是高估算的意思,下同),对于设计和施工变化多而影响工程量多、价差大的,应根据有关资料进行测算,综合取定常用数值,对于其中还包括不了的个性数值,可适当留些“活口”。

②概算定额水平的确定,应与预算定额的水平基本一致,必须反映正常条件下大多数企业的设计、生产及施工管理水平。

③概算定额要适应设计、计划、统一和拨款的要求,更好地为基本建设服务。

④概算定额的编制深度,要适应设计深度的要求,项目划分应坚持简化、准确和适用的原则。以主体结构分项为主,合并其他相关部分,进行适当的综合扩大;概算定额项目计量单位的确定,与预算定额要尽量一致;应考虑统筹法及应用电子计算机编制的要求,以简化工程量和概算定额的计算基础。

(3) 概算定额的编制方法

概算定额的编制方法主要有:

①概算定额计量点位确定。概算定额的计量单位基本上按预算定额的规定执行,虽然单位的内容扩大,但仍采用米、平方米和立方米等。

②确定概算定额与预算定额的幅度差。由于概算定额是在预算定额的基础上进行适当的合并与扩大,因此,在工程量取值、工程的标准和施工方法上需综合考虑,且定额与实际应用必然会产生一些差异。对于这种差异,国家允许预留一个合理的幅度差,以便依据概算定额编制的设计概算能控制施工图预算。概算定额与预算定额之间的幅度差,国家规定一般控制在5%

以内。

③概算定额小数取位。概算定额小数取位与预算定额相同。

（4）概算定额的编制步骤

概算定额的编制步骤如图4.1所示。

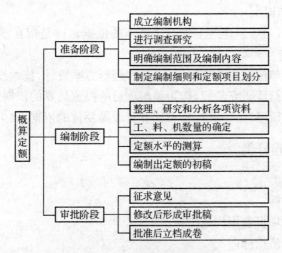

图4.1 概算定额的编制步骤

（5）概算定额的内容

概算定额一般由总说明、分部说明、概算定额项目表以及有关附录组成,分为文字说明和定额表两部分。

①文字说明部分包括总说明和各章节说明。总说明主要对编制的依据、用途、适用范围、有关规定、取费标准和概算造价计算方法等进行阐述。各章节的说明包括部分工程量的计算规则、说明,定额项目的工程内容等。

②定额表的格式,定额表表头注有本节定额的工作内容,定额的计量单位(或在表格内)。表格内有基价,人工、材料和机械费,主要材料消耗量等。

4.1.5 概算定额应用注意事项

充分了解概算定额与预算定额的关系,以便正确套用。概算定额由各项预算定额项目消耗量乘以相应的预算单价计算得到,预算定额是综合预算定额编制的基础,两者配合使用。

使用综合预算定额时,一定要了解和熟悉定额综合的内容,以免重复计算或漏算。

概算定额所综合的内容和含量不得随意修改。概算定额综合的内容及含量是按一般工业与民用建筑标准图集、典型工程施工图,经测算比较分析后取定的,不得因具体工程的内容和含量不同而随意修改定额(除定额中说明允许调整者外)。

4.2 概算指标

4.2.1 概算指标的概念

概算指标是指以统计指标的形式反映工程建设过程中生产单位合格工程建设产品所需资源消耗量的水平。它比概算定额更为综合和概括,通常是以整个建筑物和构筑物为对象,以建筑面积、体积或成套装置的台或组为计量单位,包括人工、材料和机械台班的消耗量标准和造价指标。

4.2.2 概算指标的作用

概算指标具有如下作用:

①在初步设计阶段,是编制建筑工程设计概算的依据。这是指在没有条件计算工程量时,只能使用概算指标。

②概算指标是设计单位在建筑方案设计阶段,进行方案设计,技术经济分析和估算的依据。

③在建设项目的可行性研究阶段,作为编制项目的投资估算的依据。

④在建设项目规划阶段,是估算投资和计算资源需要量的依据。

4.2.3 概算指标的分类

概算指标有以下分类:

①建设投资参考指标。

②各类工程的主要项目费用构成指标。

③各类工程技术经济指标。

4.2.4 概算指标的编制

(1)概算指标的编制依据

概算指标的编制依据有以下几种:

①标准设计图纸和各类工程典型设计。

②国家颁发的建筑标准、设计规范、施工规范等。

③各类工程造价资料。

④现行概算定额和预算定额及补充定额。

⑤工人工资标准、材料预算价格、机械台班预算价格及其他价格资料。

(2)概算指标的编制原则

①按平均水平确定概算指标的原则。在我国社会主义市场经济条件下,概算指标作为确定工程造价的依据,同样必须遵守价值规律的客观要求,在其编制时,必须按社会必要劳动时间,贯彻平均水平的编制原则。只有这样才能使概算指标合理确定和控制工程造价的作用得到充分发挥。

②概算指标的内容与表现形式要贯彻简明适用的原则。为适应市场经济的客观要求,概算指标的项目划分应根据用途的不同,确定其项目的综合范围,遵循粗而不漏、适应面广的原则,体现综合扩大的性质。概算指标从形式到内容应该简明易懂,要便于在采用时根据拟建工程的具体情况进行必要的调整和换算,能在较大范围内满足不同用途的需要。

③概算指标的编制依据必须具有代表性。概算指标所依据的工程设计资料,应是有代表性的,技术上是先进的,经济上是合理的。

(3)概算指标的编制步骤

概算指标的编制一般分为以下三个阶段进行:

①准备阶段。主要是收集资料,确定指标项目,研究编制概算指标的有关方针、政策和技术性问题。

②编制阶段。主要是选定图纸,并根据图纸资料计算工程量和编制单位工程预算书,以及按照编制方案确定的指标项目和人工及主要材料消耗指标,填写概算指标表格。

③审核定案及审批。概算指标初步确定后要进行审查、比较,做必要的调查后,送国家授权机关审批。

(4)概算指标的主要内容

概算指标的主要内容由总说明、分册说明、经济指标及结构特征等组成。

①总说明及分册说明。总说明主要包括概算指标的编制依据、作用、适用范围、分册情况,及其共性问题的说明;分册说明就是对本册中具体的问题作出必要的说明。

②经济指标。经济指标是概算指标的核心部分,它包括该单项工程或单位工程每平方米造价指标、扩大分项工程量、主要材料消耗及工日消耗指标等。

③结构特征。结构特征是指在概算指标内标明建筑物等的示意图,并对工程的结构形式、层高、层数和建筑工程进行说明,以表明建筑结构工程的概况。

(5)概算指标的编制方法

以房屋工程中每 $100\ m^2$ 建筑面积造价指标的编制方法进行介绍:

①编写资料审查意见以及填写资料名称、设计单位、设计日期、建筑面积及构造情况,提出审查和修改意见。

②在计算工程量的基础上,编制单位工程预算书,据以确定每 $100\ m^2$ 建筑面积及构造情况,以及人工、材料、机械消耗指标和单位造价的经济指标。

a. 计算工程量,就是根据审定的图样和消耗量定额计算出建筑面积及各分部分项工程量,然后按编制方案规定的项目进行归并,并以每 $100\ m^2$ 建筑面积为计算单位,换算出工程量指标。

b. 根据计算出的工程量和消耗量定额等资料编制预算书,求出每 $100\ m^2$ 建筑面积的预算造价及工、料、施工机械费用和材料消耗量指标。

4.2.5　概算指标的应用

概算指标的应用比概算定额具有更大的灵活性。由于它是一种综合性很强的指标,不可能与拟建工程的建筑特征、结构特征、自然条件、施工条件完全一致,因此,在选用概算指标时要十分慎重,选用的指标与设计对象在各个方面应尽量一致或接近,不一致的地方要进行换算,以提高准确性。

概算指标的应用一般有两种情况:第一种情况,涉及对象的设计特征与概算指标一致时,可以直接套用;第二种情况,设计对象的结构特征与概算指标的规定局部不同时,要对指标的局部内容进行调整后再套用。

(1)概算指标直接套用

①建筑物的造价计算。其计算公式为:

综合单价=拟建建筑面积×概算指标中每 $1\ m^2$ 单位综合造价

土建造价=拟建建筑面积×概算指标中每 $1\ m^2$ 单位土建造价

暖卫电造价=拟建建筑面积×概算指标中每 $1\ m^2$ 单位暖卫电造价

采暖造价=拟建建筑面积×概算指标中每 $1\ m^2$ 单位采暖造价

给水排水造价=拟建建筑面积×概算指标中每 $1\ m^2$ 单位给水排水造价

电气照明造价=拟建建筑面积×概算指标中每 $1\ m^2$ 单位电气照明造价

②主要材料消耗量的计算。其计算公式为：

材料消耗量＝拟建建筑面积×概算指标中每 100 m² 材料消耗量/100

（2）概算指标调整后再套用

①每 100 m² 造价的调整。调整的思路如定额的换算，即从每 100 m² 概算造价中减去每 100 m² 建筑面积需换算出结构构件的价值，加上每 100 m² 建筑面积需换入结构构件的价值，即得每 100 m² 修正概算造价调整指标，加每 100 m² 造价调整指标乘以设计对象的建筑面积，即得出拟建工程的概算造价。

②每 100 m² 工料数量的调整，调整思路是：从所选定的指标的工料消耗量中，换出与拟建工程不同的结构构件的工料消耗量，换入所需要结构构件的工料消耗量。

4.3 投资估算指标

4.3.1 投资估算指标的概念及作用

（1）投资估算指标的概念

投资估算指标，是在编制项目建议书可行性研究报告和编制设计任务书阶段进行的投资估算，往往以独立的单项工程或完整的工程项目为计算对象。其主要作用是为项目决策和投资控制提供依据，投资估算指标比其他各种计价定额具有更大的综合性和概括性。

建设项目投资估算指标有两种：一是工程总投资总造价指标，二是以生产能力或其他计量单位为计算单位的综合投资指标。单项工程投资估算指标一般以生产能力等为计算单位，包括建筑安装工程费、设备及工器具购置费以及应计入单项工程投资的其他费用。单项工程投资估算指标一般以平方米、立方米、座等为单位。

投资估算指标应列出工程内容、结构特征等资料，以便应用时依据实际情况进行必要的调整。

（2）投资估算指标的作用

投资估算指标的作用有以下一些：

①投资估算指标在编制项目建议书和可行性研究报告阶段是正确编制投资估算、合理确定项目投资额、进行正确的项目投资决策的重要基础。

②投资估算指标是投资决策阶段计算建设项目主要材料需用量的基础。

③投资估算指标是编制固定资产长远规划投资额的参考依据。

④投资估算指标在项目实施阶段是限额设计和控制工程造价的依据。

4.3.2 投资估算指标的内容

投资估算指标是确定和控制建设项目全过程各项投资支出的技术经济指标，其范围涉及建设前期、建设实施期和竣工验收交付使用期等各个阶段的费用支出，内容因行业不同而各异，一般可分为建设项目综合指标、单项工程指标和单位工程指标三个层次。

（1）建设项目综合指标

建设项目综合指标是指按规定应列入建设项目总投资的从立项筹建开始至竣工验收交付使用的全部投资额，包括单项工程投资、工程建设其他费用和预备费等。

建设项目综合指标一般以项目的综合生产能力单位投资表示，如元/t、元/kW，或以使用功能表示,如(医院床位)元/床。

(2)单项工程指标

单项工程指标按规定应列入能独立发挥生产能力或使用效益的单项工程内的全部投资额,包括建筑工程费、安装工程费、设备及工器具购置费和工程建设其他费用。单项工程投资估算指标的组成如图4.2所示。

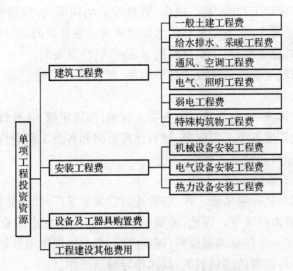

图4.2 单项工程投资估算指标的组成

(3)单位工程指标

单位工程指标按规定应列入能独立设计、施工的工程项目的费用,即建筑安装工程费用。

单位工程指标一般以如下方式表示:如房屋区别于不同结构形式,以"元/m²"表示;道路区别于不同结构层、面层,以"元/m²"表示;水塔区别于不同结构层、容积,以"元/座"表示;管道区别于不同材质、管径,以"元/m"表示。

4.3.3 投资估算指标的编制

(1)投资估算指标的编制原则

①项目确定的原则。投资估算指标的确定,应当考虑以后若干年编制项目建议书和可行性研究投资估算的需要。

②坚持能分能和、有粗有细、细算粗编的原则。投资估算指标既是国家进行项目投资控制与指导的一项重要经济指标,又是编制投资估算的重要依据。因此,要求它能分能和、有粗有细、细算粗编,既要能反映一个建设项目全部投资及其构成,又要组成建设项目投资的各个单项工程投资及具体分析指标,以使指标具有较强的实用性,扩大投资估算的覆盖面。

③投资估算指标的编制内容要具有更大的综合性、概括性和全面性。投资估算指标的编制不仅要反映不同行业、不同项目和不同工程的特点,而且要反映项目建设和投产期间的静态、动态投资额,因此要具有比一般定额更大的综合性、概括性和全面性。

④坚持技术上先进可行、经济上合理的原则。投资估算的编制内容和典型工程的选取,必须符合国家的产业发展方向和技术经济政策。对建设项目的建设标准、工艺标准、建筑标准、占地标准、劳动定员标准等的确定,尽可能做到立足国情、立足发展、立足工程实际,坚持技术上先进、可行和经济上低耗、合理,力争较少的投入取得最大的效益。

⑤坚持与项目建议书和可行性研究报告的编制深度相适应。投资估算指标的分类、项目划分、项目内容、表现形式等要结合各专业实际,并且要与项目建议书和可行性研究报告的编制深度相适应。

（2）投资估算指标的编制依据

①依照不同的产品方案、工艺流程和生产规模,确定建设项目主要生产、辅助生产、公用设备以及生活福利设施等单项工程的内容、规模、数量以及结构形式,经过分类、筛选、整理,选择具有代表性、符合技术发展方向、数量足够的已经建成或正在建设的,并具有重复使用可能的设计图纸及其工程量清单、设备清单、主要材料用量表和预、决算资料。

②国家和主管部门制定颁发的建设项目用地额、建设项目工期定额、单位工程施工工期定额及生产定员标准等。

③编制年度现行全国统一、地区统一的各类工程概、预算定额,各种费用标准。

④所在地区编制的年度各类工资标准、材料预算价格和各类工程造价指数。

⑤设备价格,包括原价和设备运杂费。

（3）投资估算指标的编制步骤

投资估算指标的编制是一项系统工程,它渗透的方面非常广,如产品规模、方案、工艺流程、设备选型、工程设计和技术经济等。因此,编制一开始就必须成立由专业人员和专家及相关领导参加的编制小组,制定一个包括编制原则、编制内容、指标的层次项目划分、表现形式、计量单位、计算平衡、审查程序等内容的编制方案,具体指导编制工作。

投资估算指标工作一般可分为三个阶段进行:

收集整理资料阶段。收集整理已建成或正在建设的,符合现行技术政策和技术发展方向、有可能重复采用的,有代表性的工程设计施工图和设计标准以及相应的竣工决算或施工图预算资料等。这些资料是编制工作的基础,资料收集得越广泛,反映的问题越多,编制工作中问题考虑得越全面,就越有利于提高投资估算指标的实用性和覆盖面。同时,对调查收集到的资料要选择占投资比重大、相互关联多的项目进行认真的分析整理,由于已建成或正在建设的工程的设计意图、建设时间和地点、资料的基础等不同,相互之间的差异很大,需要去粗取精、去伪存真地加以整理,才能重复利用。将整理后的数据资料按项目划分栏目加以归类,按照编制年度的现行定额、费用标准和价格,调整成编制年度的造价水平及互相比例。

平衡调整阶段。由于调查收集的资料来源不同,虽然经过一定的分析整理,但难免会由于设计方案、建设条件和建设时间上的差异带来某些影响,使数据失准或漏项等,因此必须对有关资料进行综合平衡调整。

测算审查阶段。测算是将新编的指标和选定工程的概、预算,在同一价格条件下进行比较,检验其"量差"的偏离程度是否在允许偏差的范围之内,如偏差过大,则要查找原因,进行修正,以保证指标的准确、实用。测算同时也是对指标编制质量进行的一次系统检查,应由专人进行,以保持测算口径的统一,在此基础上组织有关专业人员予以全面审查定稿。

5 预算定额与企业定额

5.1 预算定额

5.1.1 预算定额的概念

预算定额,是规定消耗在合格质量的单位工程基本构成要素上的人工、材料和机械台班的数量标准,是计算建筑安装产品价格的基础。

预算定额是由国家管理部门或其授权机关组织编制、审批并颁发执行的。在现阶段,预算定额是一种法令指标,是对基本建设实行宏观调控和有效监督的重要工具。各地区、各基础建设部门都必须严格执行,只有这样,才能保证全国的工程有一个统一的比较与核算。

预算定额是工程建设中的一项重要的技术经济文件,它的各项指标,反映了在完成规定计量单位并符合设计标准和施工质量验收规范要求的分项工程所消耗的劳动和物化劳动的数量限度。这种限度最终决定着单项工程和单位工程的成本和造价。

5.1.2 预算定额的作用

预算定额的作用包括:
①预算定额是编制概算定额和概算指标的基础。
②预算定额是编制施工组织设计的依据。
③预算定额是编制标底、投标报价的基础。
④预算定额是确定和控制工程造价的依据。
⑤预算定额是施工企业进行经济核算的依据。
⑥预算定额是对设计方案技术经济分析的依据。

5.1.3 预算定额的分类

预算定额的分类如图 5.1 所示。

5.1.4 预算定额编制的原则、依据和步骤

1) 预算定额编制的原则

(1) 坚持统一性和差别性结合的原则

所谓统一性,就是从培养全国统一市场规范计价行为出发,计价定额的制定、规划和组织实施由国务院建设行政主管部门归口,并负责全国统一定额的制定或修订,颁发有关工程造价管理的规章制度与办法等。这样就有利于通过定额和工程造价的管理实现建筑安装工程造价的宏观调控。编制全国统一定额,使建筑安装工程具有一个统一的计价依据,也使考核设计和施工的经济效果具有一个统一尺度。所谓差别性,就是在统一性的基础上,各省、自治区、直辖市主管部门可以在自己的管辖范围内,根据本部门和本地区的具体情况,制定部门和地区性定额、

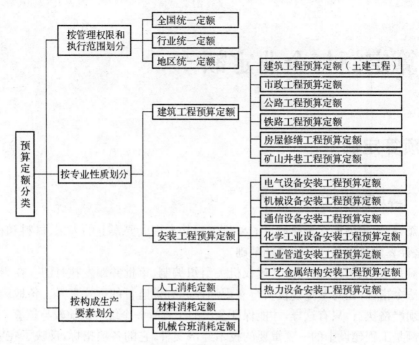

图 5.1 预算定额的分类

补充性制度和管理办法,以适应我国幅员辽阔、地区间部门发展不平衡和差距大的实际情况。

(2)简明准确和适用的原则

由于预算定额与施工定额有着不同的作用,所以对简明适用的要求也是很不相同的,预算定额是在施工定额(或劳动定额)的基础上进行综合和扩大的,它要求有更加简明的特点,以适应简化施工图预算编制工作和简化建筑安装产品价格的计算程序的要求。

为了稳定预算定额的水平,统一考核尺度和简化工程量计算,编制预算定额时,应尽量少留活口,减少符合定额的换算工作。但是,由于建筑安装工程具有不标准、复杂、变化多的特点,为了符合工程实际,预算定额也应当有必要的灵活性,对变化较多,对造价影响较大的重要因素,按照设计及施工的要求合理地进行计算。对一些工程内容,应当允许换算。对变化小,对造价影响不大的因素,通过测算综合取合理数值后当定死,不允许换算。

(3)坚持由专业人员编审的原则

编制预算定额有很强的政策性和专业性,既要合理地把握定额水平,又要有反映新工艺、新结构和新材料的定额项目,还要推进定额结构的改革。因此,必须改变以往临时抽调人员编制定额的做法,建立专业队伍,长期稳定地积累经验和收集资料,不断补充和修订定额,促进预算定额适应市场经济的要求。

(4)平均水平原则

①预算定额作为有计划地确定建筑安装产品计划价格的工具,必须遵循价值规律的客观要求,反映产品生产过程中所消耗的社会必要劳动时间量,即在现有社会正常生产条件下,在社会平均劳动熟练程度和劳动强度下,确定生产一定使用价值的建筑安装产品所需要的劳动时间。

②现有的社会正常生产条件,应是现实的中等生产条件。平均的劳动熟练程度和劳动强度,既非少数先进的水平也非部分落后的水平。这样确定的预算定额水平,一般来说是合理的水平,或者说是平均水平。只有这样,才能更好地调动企业与职工的生产积极性,不断改善经营

管理,改进施工方法,提高劳动生产率,降低原材料和施工机械台班的消耗量,多快好省地完成建筑安装工程施工任务。

③预算定额的水平是以施工定额水平为基础的,但预算定额比施工定额综合性大,包含更多的可变因素,需要保留一个合理的水平幅度差。另外,确定两种定额水平的原则是不相同的,预算定额的水平基本上是平均水平,而施工定额的水平是平均先进水平。所以,确定预算定额水平低于施工定额水平 10%～15%,以适应多数企业实际可能达到的水平。

④为了提高我国建筑安装工业化水平,在确定采用新技术、新结构、新材料的定额项目水平时,要考虑对提高劳动生产率水平的影响,也要考虑施工企业因此而支出的劳动消耗。

⑤确定预算定额水平的正常施工条件一般包括以下内容:

a. 设备、材料、成品、半成品等完整无损,符合质量标准和设计要求,附有合格证书和试验记录,提供及时,适于安装。

b. 安装地点、建筑物、设备基础、预留孔洞均符合设计和安装要求。

c. 安装工程与土建工程交叉作业正常,不影响安装施工。

d. 水电供应均满足安装施工正常的使用。

e. 地理条件和施工环境正常,不影响安装施工和人体健康。

2) 预算定额编制的依据

预算定额编制的依据有以下几点:

①具有代表性的典型工程施工图及有关标准图。对这些图纸进行仔细分析研究,并计算出工程数量作为编制定额是选择施工方法、确定定额含量的依据。

②现行人工定额和施工定额。预算定额是在现行人工定额和施工定额的基础上编制的。预算定额中人工、材料、机械台班的消耗水平,需要根据人工定额或施工定额取定;预算定额计量单位的选择,也要以施工定额为参考,从而保证两者的协调和可比性,减轻预算定额的编制工作量,缩短编制时间。

③现行的预算定额、材料预算价格及有关文件规定等。其中包括在定额编制过程中积累的基础资料,也是编制预算定额的依据和参考。

④新技术、新结构、新材料和先进的施工方法等。这类资料是调整定额水平和增加新的项目所必需的依据。

⑤现行设计规范、施工验收规范和安全操作规程。预算定额在确定人工、材料和机械台班消耗数量时,必须考虑上述各项法规的要求和影响。

⑥有关科学实验、技术测定和统计、经验资料。这类资料也是确定定额水平的重要依据。

3) 预算定额编制的步骤

(1) 准备阶段

在这个阶段,主要是根据收集到的有关资料和国家政策性文件,拟定编制方案,对编制过程中的一些重大原则问题作出统一规定,包括以下内容:

定额项目和步距的划分要适当,分得过细不但增加定额编制工作量,而且会给以后编制预算工作带来麻烦,过粗则会使单位造价差异过大。

①确定统一计量单位。定额项目的计量单位应能反映该分项工程的最终实物量,同时,要注意计算方法上的简便,定额只能按大多数施工企业普遍采用的一种施工方法作为计算人工、材料、施工机械定额的基础。

②确定机械施工和工厂预制的程度。施工的机械化和工厂化是建筑安装工程技术提高的

标志,同样也是工程质量不断提高的保证。因此,必须按照现行的规范要求,选用先进的机械和扩大工厂预制的程度,同时,也要兼顾大多数企业现有的技术装备水平。

③确定设备和材料在现场内的水平运输距离和垂直运输高度,作为计算运输用人工和机具的基础。

④确定主要材料损耗率。对造价影响大的辅助材料,如电焊条,也编制出安装工程焊条消耗定额,作为各册安装定额计算焊条消耗量的基础定额。对各种材料的名称要统一命名,对规格多的材料要确定各种规格所占比例,编制出规格综合价,为计价提供方便,对主要材料要编制损耗率表。

⑤确定工程量计算规则,统一计算口径。

⑥其他需要确定的内容,如定额形式表、计算表达式、数字精确度、各种幅度差等。

(2) 编制预算定额初稿,预算定额水平测算

①编制预算定额初稿

在这个阶段,根据确定的定额项目和基础资料,进行反复分析和测算,编制定额项目劳动力计算表、材料及机械台班计算表,并附注有关计算说明,然后汇总编制预算定额项目表,即预算定额初稿。

②预算定额水平测算

新定额编制成稿,必须与原定额进行对比测算,分析水平升降原因。一般新编定额的水平应该不低于历史上已经达到过的水平,并较之略有提高。在定额水平测算前,必须编出同一工人工资、材料价格、机械台班费的新旧两套定额的工程单价。

定额水平的测算方法一般有两种:

a. 单项定额水平测算。就是选择对工程造价影响较大的主要分项工程或结构构件的人工、材料耗用量和机械台班使用量进行对比测算,分析提高或降低的原因,及时进行修订,以保证定额水平的合理性。其方法之一,是和现行定额对比测算;其方法之二,是和实际水平对比测算。

b. 定额水平测算。是指测算因定额水平的提高或降低对工程造价的影响,测算方法是选择具有代表性的单位工程,按新编和现行定额的人工、材料消耗量和机械台班使用量,用相同的工资单价、材料预算价格、机械台班单价分别编制两份工程预算,进行对比分析,测算出定额水平提高或降低的比率,并分析其原因。采用这种测算方法,一是要正确选择常用的、有代表性的工程;二是要根据国家统计资料和基本建设计划,正确确定各类工程的比重,作为测算依据。定额总水平测算,工作量大,计算复杂,但因综合因素多,能够全面反映定额的水平。所以,在定额编制出后,应进行定额总水平测算,以考核定额水平和编制质量。测算定额总水平后,还要根据测算情况,分析定额水平的升降原因。影响定额水平的因素很多,主要应分析其对定额的影响,施工规范变更的影响,修改现行定额误区的影响,改变施工方法的影响,调整材料损耗率的影响,材料规格变化的影响,调整劳动定额水平的影响,机械台班使用量和台班费变化的影响,其他材料费变化的影响,调整人工工资标准、材料价格的影响,其他因素的影响等,并测算出各种因素影响的比率,分析其是否正确合理。

同时,还要进行施工现场水平比较,即将上述测算水平进行分析比较,其分析对比的内容有:规范变更的影响;施工方法改变的影响;材料损耗率调整的影响;材料规格对造价的影响;其他材料费变化的影响;人工定额水平变化的影响;机械台班定额和台班预算价格变化的影响;由于定额项目变更对工程量计算的影响等。

（3）修改定额、整理资料阶段

①印发征求意见。定额编制初稿完成后，需要征求各有关方面的意见和组织讨论，并反馈意见。在统一意见的基础上整理分类，制定修改方案。

②修改整理报批。按修改方案的决定，将初稿按照定额的顺序进行修改，并经审核无误后形成报批稿，经批准后交付印刷。

③撰写编制说明。为顺利地贯彻执行定额，需要撰写新定额编制说明。其内容包括：项目、子目数量；人工、材料、机械的内容范围；资料的依据和综合取定情况；定额中允许换算和不允许换算规定的计算资料；人工、材料、机械单价的计算和资料；施工方法、工艺的选择及材料运距的考虑；各种材料损耗率的取定资料；调整系数的使用；其他应该说明的事项与计算数据、资料。

④立档、成卷。定额编制资料是贯彻执行定额中需查对资料的唯一依据，也为修编定额提供历史资料数据，应作为技术档案永久保存。

5.1.5 预算定额编制的方法

（1）定额项目的划分

建筑产品因结构复杂，形体庞大，所以，就整个产品来计价是不可能的。但是可根据不同部位、不同消耗或不同构件，将庞大的建筑产品分解成各种不同的较为简单适当的计量单位（称为分部分项工程），作为计算工程量的基本构造要素，并在此基础上编制预算定额项目。定额项目划分时要求：

①便于确定单位估价表。

②便于编制施工图预算。

③便于进行计划、统计和成本核算工作。

（2）确定预算定额项目名称和工程内容

预算定额项目名称，是指一定计量单位的分项工程或结构构件及其所含子目的名称。定额项目和工程内容，一般是按施工工艺结合项目的规格、型号、材质等特征要求进行设置的，同时，应尽可能反映科学技术的新发展，如采用新材料、新工艺等，使其能反映建筑业的实际水平和具有广泛的代表性。

（3）确定预算定额的计量单位

预算定额与施工定额的计量单位往往不同。施工定额的计量单位在一般工序或施工过程中确定；而预算定额的计量单位主要是根据分部分项工程和结构构件的形体特征及其变化确定；由于工作内容综合，预算定额的计量单位亦具有综合的性质。工程量计算规则的规定应明确反映定额项目所包含的工作内容。

预算定额的计量单位关系到预算工作的繁简和准确性。因此，要正确地确定各分部分项工程的计量单位，一般计量单位依据以下建筑结构构件形状的特点确定。

①凡物体的截面有一定的形状和大小，但有不同长度时（如管道、电缆、导线等分项工程），应当以延长米（m）为计量单位。

②当物体有一定的厚度，而面积不固定时（如通风管、油漆、防腐等分项工程），应当以平方米（m²）为计量单位。

③如果物体的长、宽、高都变化不定时（如土方、保温等分项工程），应当以平方米（m²）作为计量单位。

④有的分项工程虽然体积、面积相同，但质量和价格差异很大，或者是不规则或难以度量的

实体(如金属结构、非标准设备制作等分项工程),应当以质量(kg、t)作为计量单位。

⑤物体无一定规格,而其构造又较复杂时(如阀门、机械设备、灯具、仪表等分项工程),常采用自然单位如个、台、套、件等作为计量单位。

⑥定额项目中工料计量单位及小数位数的取定,包括:

a. 计量单位:按法定计量单位取定。

• 长度:mm、cm、m、km。

• 面积:mm^2、cm^2、m^2。

• 体积和容积:cm^3、m^3。

• 质量:kg、t。

b. 数值单位与小数位数的取定。

• 人工:以"工日"为单位,取两位小数。

• 主要材料及半成品:木材以"m^3"为单位,取三位小数;钢板、型钢以"t"为单位,取三位小数;管材以"m"为单位,取两位小数;通风管用薄钢板以"m^2"为单位;导线、电缆以"m"为单位;水泥以"kg"为单位;砂浆土以"m^3"为单位等。

• 单价以"元"表示,取两位小数。

• 其他材料费以"元"表示,取两位小数。

• 施工机械以"台班"为单位,取两位小数。

定额单位确定之后,往往出现人工、材料或机械台班量很小,即小数点后好几位。为了减少小数位数和提高预算定额的准确性,采取扩大单位的办法把 1 m、1 m^2、1 m^3 扩大 10、100、1 000 倍。这样,相应的消耗量也加大了倍数,取一定小数位四舍五入后,可达到相对较高的准确性。

(4)选定施工方法

编制预算定额所采取的施工方法,必须选用正常的、合理的施工方法用以确定各专业的工程和施工机械。

确定预算定额人工、材料、机械台班消耗指标时,必须先按施工定额的项目逐项计算出消耗指标,然后按预算定额的项目加以综合。但是,这种综合不是简单地合并和相加,而需要在综合工程中增加两种定额之间的适当的水平差。预算定额的水平,首先取决于这些消耗量的合理确定。

计算人工、材料、机械台班消耗量时,应根据定额编制原则和要求,采用理论与实际相结合、图纸计算与施工现场测算相结合、编制人员与现场工作人员相结合等方法进行计算和使用,使定额既符合政策要求,又与客观情况一致,便于贯彻执行。

(5)编制定额项目表和拟建有关说明

定额项目表的一般格式是:横向排列为各分项工程的项目名称,竖向排列为分项工程的人工、材料和机械台班消耗量指标。有的项目表下部还有附注,以说明设计有特殊要求时,怎样进行调整和换算。

预算定额的主要内容包括:目录,总说明,各章、节说明,定额项目表以及有关附录等。

①总说明。主要说明编制预算定额的指导思想、编制原则、编制依据、适用范围以及编制预算定额时有关共性问题的处理意见和定额的使用方法等。

②各章、节说明。各章、节说明主要包括以下内容:

a. 编制各分部定额的依据。

b. 项目划分和定额项目步距的确定原则。

c. 施工方法的确定。

d. 定额"活口"及换算的说明。

e. 选用材料的规格和技术指标。

f. 材料在设备场内水平运输和垂直运输主要损耗率的确定。

g. 人工、材料、机械台班定额的确定原则及技术方法。

③定额项目表。主要包括该项定额的人工、材料、机械台班单价表,其他有关折算、换算表等。

④附录。一般包括主要材料取定价格表,施工机械台班单价表,其他有关折算、换算表等。

5.2 企业定额

5.2.1 企业定额的概念

所谓企业定额,是指建筑企业根据企业的技术水平和管理水平,编制完成单位合格产品所必需的人工、材料和施工机械台班的消耗量,以及其他生产经营要素消耗的数量标准。企业定额反映企业的施工生产与生产消耗之间的数量关系,是施工企业生产力水平的体现,每个企业均应拥有反映自己企业能力的企业定额。企业的技术和管理水平不同,企业定额的定额水平也就不同。因此,企业定额是施工企业进行施工管理和投标报价的基础和依据,从一定意义上讲,企业定额是企业的商业秘密,是企业参与市场竞争的核心竞争能力的具体表现。

企业定额在不同的历史时期有着不同的概念。在计划经济时期,企业定额也称临时定额,是国家统一定额或地方定额中缺项定额的补充,它仅限于企业内部临时使用,而不是一级管理层次。

在市场经济条件下,企业定额有着新的概念,它是企业参与市场竞争和自主报价的依据。《建筑工程施工发包与承包计价管理办法》(中华人民共和国住房和城乡建设部令第16号)第十条规定:"……投标报价应当依据工程量清单、工程计价有关规定、企业定额和市场价格信息等编制。"

目前大部分施工企业都以国家或行业制定的工程清单、预算定额作为施工管理、工料分析和成本核算的依据。随着市场化改革的不断深入和发展,施工企业以工程量清单、预算定额(消耗量定额)和人工定额为参照,会逐步建立起反映企业自身施工管理水平和技术装备程度的企业定额。

5.2.2 企业定额的性质及特点

(1) 企业定额的性质

企业定额是建筑企业内部管理的定额。企业定额影响范围涉及企业内部管理的各个方面,包括企业生产经营活动的计划、组织、协调、控制和指挥等各个环节。企业应根据本企业的具体条件和可能挖掘的潜力,市场的需求和竞争环境,以及国家有关政策、法律和规范、制度,自行编制定额,自行解决定额的水平,当然,也允许同类企业和同一地区的企业之间存在定额水平的差距。

(2) 企业定额的特点

企业定额必须具备以下特点:

①定额中人工、材料、机械消耗量要比社会的平均水平低,以体现其先进性。

②定额可以表现本企业在某些方面的技术优势和管理优势。

③定额可以体现本企业在定额执行期内的综合生产能力水平。

④定额中所有匹配的单价都是动态的,具有市场性。

⑤定额与施工方案(或施工组织设计)能全面接轨。

5.2.3 企业定额的作用

企业定额的作用是通过企业的内部管理和外部经营体现出来。如何发挥企业定额在内部管理和外部经营活动中以最少的劳动与物质资源的消耗获得最大的效益,是施工企业在激烈的市场竞争中能否占领市场、掌握市场主动权的关键所在。

企业定额所规定的消耗量指标,是企业资源优化配置的反映,是本企业管理水平与人员素质和企业精神的体现。在以提高产品质量、缩短工期、降低产品成本和提高劳动生产率为核心的企业经营与管理中,强化企业定额的管理,实行有定额的劳动,永远是企业立于不败之地的重要保证。因此,在企业组织资源进行施工生产和经营管理时,企业定额应发挥的作用有以下几点。

①企业定额是企业计划管理的依据。企业定额在企业计划管理方面的作用,表现在它既是企业编制施工组织设计的依据,也是企业编制施工作业计划的依据。

施工组织设计是指导拟建工程进行准备和施工生产的技术经济文件,其基本任务是根据招投标文件及合同协议的规定,确定出经济合理的施工方案,在人力和物力、时间和空间、技术和组织上对拟建工程做出最佳的安排。施工作业计划规则是根据企业的施工计划、拟建工程的施工组织设计和现场实际情况编制的。这些计划的编制必须以施工定额为依据,因为施工组织设计包括三部分内容:资源需用量、使用这些资源的最佳时间安排和平面规划。施工中实物工作量和资源与资源需要量的计划均需以施工定额的分项和计量单位为依据。施工作业计划是施工单位计划管理的中心环节,编制时也要用施工定额进行劳动力、施工机械和运输力量的平衡,计算材料、构件等分期需用量和供应时间,计算实物工程量和安排施工形象进度。

②企业定额是组织和指挥施工生产的有效工具。企业组织和指挥施工班组进行施工,是按照作业计划通过下达施工任务单和限额领料单来实现的。

施工任务单既是下达施工任务的技术文件,也是班组经济核算的原始凭证。它列出了应完成的施工任务,也记录着班组实际完成任务的情况,并且可据此进行班组工人的工资结算。施工任务单上的工程计量单位、产量定额和计件单位,均需取自施工企业定额。

限额领料单是施工队随任务单同时签发的领取材料凭证,这一凭证是根据施工任务和施工企业定额中的材料定额填写的。其中领料的数量是班组为完成规定的工程任务消耗材料的最高限额,这一限额也是评价班组完成任务情况的一项重要指标。

③企业定额有利于推广先进技术。企业定额水平中包含着某些已成熟的先进的施工技术和经验,工人要达到和超过定额,就必须掌握和运用这些先进技术,如果工人想大幅度超过定额,就必须创造性地劳动。

第一,工人在自己的工作中,注意改进工具和改进技术操作方法,注意原材料的节约,避免原材料和能源的浪费。第二,施工定额中往往明确要求采用某些较先进的施工工具和施工方法,所以,贯彻施工定额也就意味着推广先进技术。第三,企业为了推行施工定额,往往要组织技术培训,以帮助工人能达到和超过定额。技术培训和技术表演等方式都可以大大普及先进技术和先进操作方法。

④企业定额是企业激励工人的条件,激励在现实企业管理目标中占有重要任务。所谓激励,就是采取某些措施激发和鼓励员工工作中的积极性和创造性。行为科学家研究表明,如果职工受到充分的激励,其能力可发挥 80%～90%,如果缺少激励,仅能发挥出 20%～30%的能力。但激励只有在满足人们某种需要的情形下才能起作用。完成和超额完成定额,不仅能获取更多的工资报酬以满足生理需求,而且能满足自尊和获取他人(社会)认同的需要,并且进一步满足发挥个人潜力以实现自我价值的需要。如果没有企业定额这种标准尺度,实现以上几个方面的激励就缺少必要的手段。

⑤企业定额是计算劳动报酬、实行按劳分配的依据。目前,施工企业内部推行了多种形式的承包经济责任制,但无论采取何种形式,计算承包指标或衡量班组的劳动成果都要以施工定额为依据。定额完成得好,劳动报酬就多,达不到定额,劳动报酬就少。这样,工人的劳动成果和报酬直接挂钩,体现了按劳分配的原则。

⑥企业定额是施工企业进行工程投标、编制工程投标报价的基础和主要依据。企业定额能够反映企业施工生产的技术水平和管理水平,在确定工程投标报价时,首先根据企业定额计算出施工企业拟完成投标工程需要发生的计划成本;在掌握工程成本的基础上,再根据所处的环境和条件,确定在该工程上拟获得的利润、预计的工程风险费用和其他应考虑的因素,从而确定投标报价。因此,企业定额是施工企业编制计算投标报价的依据。

⑦企业定额是编制施工组织设计的依据。在编制施工组织设计中,尤其是单位工程的作业设计,需要确定人工、材料和施工机械台班等资源消耗量,拟定使用资源的最佳时间安排,编制工程进度计划,以便于在施工中合理地利用时间、空间和资源。依靠施工定额能比较精确地计算出人工、材料、设备的需要量,以便于在开工前合理安排各基层的施工任务,做好人力、物力的综合平衡。

⑧企业定额是编制预算定额和补充单位估价表的基础。预算定额的编制要以企业定额为基础。以企业定额的水平作为确定预算定额水平的基础,不仅可以免除测定定额水平的大量烦琐的工作,而且可以使预算定额符合施工生产和经济管理的实际水平,并保证施工中的人力、物力消耗能够得到足够补偿。企业定额作为编制补充单位估价表的基础,是指由于新技术、新结构、新材料、新工艺的采用而预算定额中缺项时,以及编制补充预算定额和补充单位估价表,要以企业定额作为基础。

⑨企业定额是编制施工预算、加强企业成本管理的基础。施工预算是施工单位用以确定单位工程上人工、机械、材料的资金需要量的计划文件。

施工预算以企业定额为编制基础,既要反映设计图纸的要求,也要考虑在现实条件下可能采取的节约人工、机械、材料和降低成本的各项具体措施。这就能够有效地控制施工中人力、物力的消耗量,节约成本开支。

施工中人工、机械和材料的费用,是构成工程成本中直接成本的主要内容,对间接成本的开支也有着很大的影响。严格执行施工定额不仅可以起到控制成本、降低费用开支的作用,同时,也可为企业加强班组核算和增加盈利等企业成本管理工作创造良好的条件。

5.2.4 企业定额的构成及表现形式

企业定额的构成及表现形式因企业的性质不同、取得资料的详细程度不同、编制的目的不同、编制的方法不同而不同。其构成及表现形式主要有以下几种:

①企业人工定额。
②企业材料消耗定额。

③企业机械台班使用定额。

④企业施工定额。

⑤企业定额估价表。

⑥企业定额标准。

⑦企业产品出厂价格。

⑧企业机械台班租赁价格。

5.2.5 企业定额的编制

1）企业定额编制的原则

（1）实事求是的原则

企业定额应本着实事求是的原则,结合企业经营管理的特点,确定人工、材料、机械台班等各项消耗的数量,对影响造价较大的主要常用项目,应该考虑多种施工组织形式,从而使定额在运用上更贴近实际、技术上更先进、经济上更合理,使工程单价能够真实反映企业的个别成本。

（2）平均先进原则

平均先进是就定额的水平而言的。定额水平,是指规定消耗在单位产品上的人工、机械和材料数量的多少。也可以说,它是按照一定施工程序和在一定工艺条件下规定的施工生产中活劳动和物化劳动的消耗水平。所谓平均先进水平,就是在正常的施工条件下,大多数施工队组和大多数生产者经过努力能够达到和超过的水平。

企业定额应以企业平均先进水平为基准,使多数单位和员工经过努力能够达到或超过企业平均先进水平,以保持定额的先进性和可行性。

贯彻平均先进的原则,首先要考虑那些已经成熟并得到推广的先进技术和先进经验;对于那些尚不成熟,或已经成熟但尚未普遍推广的先进技术,暂时还不能作为确定定额水平的依据。其次,对于原始资料和数据要加以整理,剔除个别的、偶然的、不合理的数据,尽可能使计算数据具有实践性和可靠性。再次,要选择正常的施工条件、行之有效的技术方案、组织合理的操作方法作为确定定额水平的依据。最后,从实际出发,综合考虑影响定额水平的有利和不利因素（包括社会因素）,这样才不至于使定额水平脱离现实。

（3）动态管理原则

建筑市场行情瞬息万变,企业的技术水平和管理水平也在不断地更新,不同的工程,在不同的时候,都有不同的价格,因此企业定额的编制还要遵循动态管理的原则。

（4）简明适用的原则

简明适用,是指定额的内容和形式要方便定额的贯彻执行。简明适用的原则要求施工定额内容要能满足组织施工生产和计算工人劳动报酬等多种需要,同时,又要简单明了,容易掌握,便于查阅、计算、携带。定额的简明性和适用性,是既有联系又有区别的两个方面,编制施工定额时应全面加以贯彻。当两者发生矛盾时,定额的简明性应服从适用性的要求。

贯彻定额的简明适用原则,关键是做到定额项目设置完备,项目划分粗细适当。定额项目的设置是否齐全完备,对定额的适用性影响很大。划分施工定额项目的基础是工作过程或施工工序。不同性质、不同类型的工作过程或工序,都应反映在各个施工定额的项目中。即使是次要的,也应在说明、备注和系数中反映出来。

为了保证定额项目齐全,首先要加强基础资料的日常积累,尤其应注意收集和分析各项补充定额资料;其次,注意补充反映新结构、新材料、新技术的定额项目;最后,处理淘汰定额项目要持慎重态度。

（5）量价分离、少留"活口"的原则

企业定额编制应该尽量减少使用时的调整，量价关联、"活口"过多都会增加调整的机会，不仅给定额的使用带来麻烦，更主要的是，会导致成本测算差异太大，不能有效地起到预测和控制的作用。

（6）时效性原则

企业定额是一定时期内技术发展和管理水平的反映，所以在一段时期内会表现出稳定的状态。这种稳定性又是相对的，因为它还有显著的时效性。当企业定额不再适应市场竞争和成本监控的需要时，它就要重新编制修订，否则就会挫伤工人的积极性，甚至产生负效应。

（7）与施工方案全面接轨的原则

企业定额区别于行业定额或政府定额的一个主要特征和优势就在于此。行业定额或政府定额因其使用范围比企业定额的大，为了避免理解和使用上的混乱，大多数定额强调通用性，损失了定额的针对性。企业定额在条目设计上应尽量实现能与施工方案配套的功能，使企业定额的运用更加具有针对性，更加符合实际情况。

（8）保密原则

企业定额的指标体系及标准要严格保密。建筑市场强手林立，竞争激烈。就企业现行的定额水平而言，工程项目在投标中如被竞争对手获取，会使本企业陷入十分被动的境地，给企业带来不可估量的损失。所以，企业要有自我保护意识和相应的保密措施。

（9）以专家为主的编制原则

编制施工定额，要以专家为主，这是实践经验的总结。企业定额的编制要求有一支经验丰富、技术与管理知识全面、有一定政策水平的稳定的专家队伍，这一点非常重要。

（10）独立自主的原则

施工企业作为具有独立法人地位的经济实体，应根据企业的具体情况和要求，结合政府的技术政策和产业导向，以企业盈利为目标，自主地编制企业定额。贯彻这一原则有利于企业自主经营；有利于执行现代企业制度；有利于施工企业摆脱过多的行政干预，更好地面对建筑市场竞争的环境；有利于促进新的施工技术和施工方法的采用。

2）企业定额编制的依据

①现有定额资料及其编制说明。现有定额，其中包括近期和现行的预算定额（消耗量定额）的结构形式、子目的设置、章节的划分、工程量计价规范的规定、定额项目所综合的工作内容和人工、材料、机械台班消耗量等，是编制企业定额的参考依据。现行的人工定额是编制定额补充项目的依据。定额的编制说明（交底资料）中含有大量的定额编制的基础数据，人工、材料、机械台班消耗量确定的公式，定额综合内容的综合比例等，这些资料是编制企业定额的重要参考资料。

②施工项目的现场材料。在投标报价过程中，企业可能发现拟建工程中实际发生的人工、材料、机械台班消耗量的资料，并加以分析，逐步形成补充定额；对于未中标者，则应注意搜集有关的书面资料，譬如施工过程、技术要求、劳动组织、技术装备等，为将来投标报价中再出现这些项目时能够报出有竞争力的价格做准备。

③企业内部各相关的管理资料和依据。包括劳动生产部门、财务部门的工资总额、平均人数，材料部门的各类材料的采购价格、运费的发生情况，机械管理部门的机械折旧情况和租赁机械的价格等。

④计划统计部门定时测算的工程造价指数。

3）企业定额编制的内容

①企业定额编制的内容包括：编制方案、总说明、工程计算规划、定额项目划分、定额水平的测定（人工、材料、机械台班消耗水平和管理成本费的测算和制定）、定额水平的测算（类似工程的对比测算）、定额编制基础资料的整理归类和编写。

②按《建设工程工程量清单计价规范》（GB 50500—2013）要求编制的内容有：

a. 工程实体消耗定额，规定构成工程实体的分部（项）工程的人工、材料、机械台班的定额消耗量。其中人工消耗量要根据本企业工人的操作水平确定；材料消耗量不仅包括施工材料的净消耗量，还应包括施工损耗；机械台班消耗量应考虑机械的摊销率。

b. 措施性消耗定额，规定有助于工程实体形成的临时设施、技术措施等的定额消耗量，既有为保证工程正常施工所采用的措施的消耗，包括模板的选择、配置与周转，脚手架的合理使用与搭拆及各种机械设备的合理配置等，也有根据工程当时当地的情况以及施工经验采取的合理配置措施的消耗。

c. 由计费规则、计价程序有关规定及相关说明组成的编制规定。在规定中一般要体现出为施工准备、组织施工生产和管理所需的各项费用标准，包括企业管理人员的工资、各种基金、保险金、办公费、工会经费、财务费用、经常费用等。

4）企业定额编制的办法

（1）经验统计法

经验统计法是运用抽样统计的方法，从以往类似工程竣工结算资料、典型设计图纸资料及成本核算抽取若干个项目的资料，进行分析、测算及定量的方法。

运用经验统计法，首先要建立一系列数学模型，对以往不同类型的样本工程项目成本降低情况进行统计、分析，然后得出同类型工程成本的平均值或平均先进值。由于典型工程的经验数据权重不断增加，其统计数据资料会越来越完善、真实、可靠。此法只要正确确定基础类型，然后对号入座即可。

经验统计法的优点是积累过程长、统计分析细致，使用时简单易行、方便快捷；缺点是模型中考虑的因素有限，而工程实际情况则要复杂得多。此法对各种变化情况的需要不能一一适应，准确性也不够，因此，此法对设计方案较规范的一般住宅民用建筑工程的常用项目的人工、材料、机械台班消耗及管理费测定较合适。

（2）现场观察测定法

现场观察测定法是我国多年来专业测定定额的方法。它将研究工时消耗情况和施工组织技术条件联系起来加以观察、测时、计量和分析，以获得该施工过程的技术组织条件和工时消耗的有技术根据的基础资料。它不仅能为制定定额提供基础数据，而且能为改善施工组织管理、改善工艺过程和操作方法、消除不合理的工时损失和进一步挖掘生产潜力提供依据。

现场观察测定法技术简便、应用面广且资料全面，适用于影响工程造价大的主要项目及新技术、新工艺、新施工方法项目的劳动力消耗和机械台班水平测定。这里要强调的是劳动消耗中要包含人工幅度差的因素，至于人工幅度差考虑多少，是低于现行预算定额水平还是进行不同的取值，由企业在实践中探索确定。

（3）定额换算法

定额换算法是按照工程的预算计算出造价，分析出成本，然后根据具体工程项目的施工图纸、现场条件和企业劳务、设备及材料储备状况，结合实际情况对定额水平进行调增或调减，从而确定工程实际成本的方法。在各施工单位企业定额尚未建立的今天,采用这种定额换算的方法建立部分定额水平不失为一条捷径。

定额换算法在假设条件下把变化的条件罗列出来进行适当的增减,既简单易行,又相对准确,是补充企业一般工程项目人工、材料、机械台班和管理费标准的较好方法之一,不过这种方法制定的定额水平要在实践中进行检验和完善。

5)企业定额编制的步骤

企业定额的编制是一个系统而又复杂的过程,一般包括以下步骤:

(1)制定《企业定额编制计划书》

《企业定额编制计划书》一般包括以下内容:

①企业定额编制的目的。企业定额编制的目的一定要明确,因为编制目的决定了企业定额的适用性,同时也决定了企业定额的表现形式。例如,企业定额的编制目的如果是控制工耗和计算工人劳动报酬,应采取人工定额的形式;如果是企业进行工程成本核算,以及企业走向市场参与投标报价提供依据,则应采用施工定额或定额估价表的形式。

②企业定额水平的确定原则。企业定额水平的确定,是企业定额能否实现编制目的的关键。定额水平过高,背离企业现有水平,使企业内多数施工队、班组、工人通过努力仍然达不到定额水平,不仅不利于定额在本企业内推行,还会挫伤管理者和劳动者的积极性;定额水平过低,起不到鼓励先进和督促落后的作用,而且对项目成本核算和企业参与市场竞争不利。因此,在编制计划书中必须对定额进行确定。

③确定编制方法和定额形式。定额的编制方法很多,对不同形式的定额,其编制方法也不相同。例如,人工定额的编制方法有技术测定法、统计分析法、类似比较法、经验估工法等;材料消耗定额的编制方法有观察法、实验法、统计法等。因此,定额编制究竟采取哪种方法应根据具体情况而定。企业定额编制通常采用的方法一般有两种:定额测算法和方案测算法。

④拟成立企业定额编制机制,提交需参编人员名单。企业定额的编制工作是一个系统性的工程,它需要一批高素质的专业人才在一个高效率的组织机构统一指挥下协调工作,因此,在定额编制工作开始时,必须设置一个专门的机构,配置一批专业人员。

⑤明确应收集的数据资料。定额在编制时要收集大量的基础数据和各种法律、法规、标准、规程、规范文件、规定等,这些资料都是定额编制的依据。所以,在编制计划书时,要制定一份按门类分类划分的资料明细表。在明细表中,除一些必须采用的法律、法规、标准、规程、规范资料外,还应根据企业自身的特点,选择一些能够适合本企业使用的基础性数据资料。

⑥确定工期和编制进度。定额的编制是为了使用,具有时效性,所以,应确定一个合理的工期和进度计划表,这样既有利于编制工作的开展,又能保证编制文件的效率和效益。

(2)收集资料并进行调查、分析、测算和研究

企业定额编制应收集的资料包括以下内容:

①现行定额,包括基础定额和预算定额;工程计算规则。

②国家现行的法律、法规、经济政策和劳动制度等与工程建设有关的各种文件。

③有关建筑安装工程的设计规范、施工及验收规范、工程质量检验评定标准和安全操作规程。

④现行的全国通用建筑标准设计图集、安装工程标准安装图集,并根据具有代表性的设计图纸、地方建筑配件通用图集等计算工程量,作为编制定额的依据。

⑤有关建筑安装工程的科学实验、技术测定和经济分析数据。

⑥高新技术、新型结构、新研制的建筑材料和新的施工方法等。

⑦本企业近几年各工程项目的施工组织设计、施工方案,以及工程结算资料。

⑧本企业近几年所采用的主要施工方法。

⑨本企业近几年发布的合理化建议和技术成果。

⑩本企业目前拥有的机械设备状况和材料库存状况。

⑪现行人工工资标准和地方材料预算价格。

⑫现行机械效率、寿命周期和价格;机械台班租赁价格行情。

⑬本企业近几年各工程项目的财务报表、公司财务总报表,以及历年收集的各类数据。

⑭本企业目前的工人技术素质、构成比例、家庭状况和收入水平等,资料收集完成后,要对资料进行分类整理、分析、对比、研究和综合测算,提取可供使用的各种技术数据。其内容包括:企业整体水平与定额水平的差异;现行法律、法规以及规程、规范对定额的影响;新材料、新技术对定额水平的影响等。

(3)拟定编制企业定额的工作方案和计划

①根据编制目的,确定企业定额的内容及专业划分。

②确定具体参编人员的工作内容、职责、要求。

③确定企业定额的结构形式及步距划分原则。

④确定企业定额的册、章、节的划分和内容的框架。

(4)编制企业定额初稿

企业定额初稿的编制见表5.1。

表5.1 企业定额初稿的编制

项目	内容
确定企业定额项目及其内容	企业定额项目及其内容的编制,就是根据定额的编制目的及企业自身的特点,本着内容简明适用、形式结构合理、步距划分合理的原则,将一个单位工程,按工程性质划分为若干个分部工程,如土建工程的土石方工程、桩基础工程等。然后将分部工程划分为若干个分项工程,如土石方工程分为人工挖土方、淤泥、流砂,人工挖沟槽、基坑,人工挖桩孔等分项工程。最后,确定分项工程的步距,并根据步距对分项工程进一步详细划分为具体项目。步距参数的设定一定要合理,既不应过粗,也不宜过细。如可根据土质和挖掘深度作为步距参数,对人工挖土方进行划分。同时,应对分项工程的工作内容做简要的说明
确定企业定额的计量	分项工程计量单位的确定一定要合理,设置时应根据分项工程的特点,本着准确、贴切、方便计量的原则设置。定额的计量单位包括自然计量单位,如台、套、个、件、组等,以及国际标准计量单位,如 m、km、m^2、m^3、kg、t 等。一般来说,当实物体的三个度量都会发生变化时,采用 m^3 为单位,如土方、混凝土、保温等;如果实物体的三个度量中有两个度量不固定,采用 m^2 为计量单位,如地面、抹灰、油漆等;如果实物体截面积形状大小固定,则采用延长米为计量单位,如管道、电缆、电线等;不规则形状的,难以度量的则采用自然单位或质量单位为计量单位
确定企业定额指标	确定企业定额指标是企业定额编制的重点。企业定额指标应根据企业采用的施工方法、新材料的代替以及机械装备的装配等管理模式,结合收集整理的各类基础资料进行确定。确定企业定额指标,包括确定人工消耗指标、确定材料消耗指标、确定机械台班消耗指标等

项目	内　容
编制企业定额项目表	分项项目人工、材料和机械台班的消耗量确定以后,即可编制企业定额项目表。具体地说,就是编制企业定额项目表中的各项内容。企业定额项目表是企业定额的主体部分,它由表头栏、人工栏、材料栏、机械栏组成。表头栏用于表述各分项工程的结构形式、材料做法和规格档次等;人工栏是以工种表示的消耗的工日数及合计;材料栏是按消耗的主要材料和消耗性材料依主次顺序分列出的消耗量;机械栏则是按机械种类和规格型号分列出的机械台班使用量
企业定额的项目编排	定额项目表,是按分部工程归类,按分项工程子目编排的一些项目表格。也就是说,按施工的程序,遵循章、节、项目和子目等顺序编排。定额项目表中,大部分以分部工程为章,把单位工程中性质相近且材料大致相同的施工对象编排在一起。每章(分部工程)中,按工程内容、施工方法和使用的材料类别的不同,分成若干个节(分项工程)。在每节(分项工程)中,可以分成若干项目,在项目下边,还可以根据施工要求、材料类别和机械设备型号的不同,细分成不同子目
企业定额相关项目的说明的编制	企业定额相关项目的说明包括前言、总说明、目录、分部(或分章)说明、建筑面积计算规则、工程量计算规则、分项工程工作内容等
企业定额估价表的编制	企业根据投标报价工作的需要编制企业定额估价表。企业定额估价表是在人工、材料、机械台班三项消耗量的企业定额的基础上,用货币形式表达每个分项工程及其子目的定额单位估价计算表格。企业定额估价表的人工、材料、机械台班单价是通过市场调查,结合国家有关法律文件及规定,按照企业自身的特点来确定的

6 费用定额

6.1 建设工程费用构成

6.1.1 我国现行工程费用的构成

建设项目总投资包含固定资产投资和流动资产投资,建设项目总投资中的固定资产投资与建设项目的工程费用在量上相等。工程费用的构成按工程项目建设过程中各类费用支出或花费的性质、途径等来确定,是通过费用划分和汇集所形成的工程造价的费用分解结构。

工程费用基本构成中,包括用于购买项目所含各种设备的费用,用于建筑施工和安装施工所需支出的费用,用于委托工程勘察设计应支付的费用,用于购置土地所需的费用,也包括用于建设单位自身进行项目筹建和项目管理的费用等。总之,工程费用是工程项目按照确定的建设内容、建设规模、建设标准、功能要求和使用要求等全部建成并验收合格交付使用所需的全部费用。

我国现行工程费用的构成主要划分为建筑安装工程费用、设备及工器具购置费用、工程建设其他费用、预备费用、建设期间贷款利息、固定资产投资方向调节税等几项。我国现行工程费用的构成如图6.1所示。

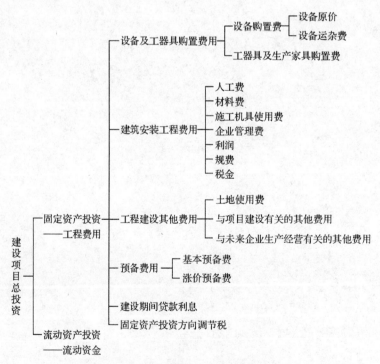

图6.1 我国现行工程费用的构成

6.1.2 世界银行建设工程投资的构成

1978年,世界银行、国际咨询工程师联合会对项目的总建设成本(相当于我国的建设项目总投资)做了统一规定,其建设工程投资的构成包括:

(1) 项目直接建设成本

项目直接建设成本包括以下内容:

①土地征购费用。

②场外设施费用,如道路、码头、桥梁、机场、输电线路等设施费用。

③场地费用,指用于场地准备、厂区道路、铁路、围栏、场内设施等的建设费用。

④工艺设备费用,指主要设备、辅助设备及零件的购置费用,包括海运包装费用、交货港离岸价,但不包括税金。

⑤设备安装费用,指设备供应商的监理费用,本国劳务及工资费用,辅助材料、施工设备、消耗品和工具等的费用,以及安装承包商的管理费和利润等。

⑥管理系统费用,指与系统的材料及劳务相关的全部费用。

⑦电气设备费用,其内容与④项相似。

⑧电气安装费用,指设备供应商的监理费用,本国劳务及工资费用,辅助材料、电缆、管道和工具费用,以及营运承包商的管理费和利润。

⑨仪器仪表费用,指所有自动仪表、控制板、配线和辅助材料的费用以及供应商的监理费用,外国和本国劳务和工资费用、承包商的管理费和利润。

⑩机械的绝缘和油漆费用,指与机械及管道的绝缘和油漆相关的全部费用。

⑪工艺建筑费用,指原材料、劳务费以及与基础、建筑结构、屋顶、内外装饰、公共设施有关的全部费用。

⑫服务型建设费用,其内容与⑪项相似。

⑬工厂普通公共设施费用,包括材料和劳务费以及与供水、燃料供应、通风、蒸汽、下水道、污物处理等公共设施有关的费用。

⑭其他当地费用,指那些不能归类于以上任何一个项目,不能记入项目间接成本,但在建设期间又是必不可少的当地费用。如临时设备、临时公共设施以及场地的维持费,营地设施及其管理费,建设保险和债券,杂项开支等费用。

(2) 项目间接设施成本

项目间接设施成本包括:

①项目管理费用。项目管理费用包括以下4个方面:

a. 总部人员的薪金和福利费,以及用于初步和详细工程设计、采购、时间和成本控制、行政和一般管理的费用。

b. 施工管理现场人员的薪金、福利费和用于施工现场监督、质量保证、现场采购、时间及成本控制、行政及其他施工管理机构的费用。

c. 零星杂项费用,如返工、差旅、生活津贴、业务支出等。

d. 各种酬金。

②开工试车费用。指工厂投料试车必需的劳务和材料费用(项目直接成本包括项目完工后的试车和空运转费用)。

③业主的行政性费用。指业主的项目管理人员费用及支出(其中某些费用必须排除在外,

并在"估算基础"中详细说明)。

④生产前费用。指前期研究、勘测、建矿、采矿等费用(其中某些费用必须排除在外,并在"估算基础"中详细说明)。

⑤运费和保险费用。指海运、国内运输、许可证及佣金、海洋保险、综合保险等费用。

⑥地方税。指关税、地方税及对特殊项目征收的税金。

（3）应急费用

应急费用包括以下内容:

①未明确项目的准备金。此项准备金用于在估算时不可能明确的潜在项目,包括那些在成本估算时因为缺乏完整、准确和详细的资料而不能完全预见和不能注明的项目,并且这些项目是必须完成的,或它们的费用是必须要发生的,在每一个组成部分中均单独以一定的百分比确定,并作为估算的一个项目单独列出。此项准备金不是为了支付工资范围以外可能增加的项目,不是用于应付天灾、非正常经济情况及罢工等情况,也不是用来补偿估算的任何误差,而是用来支付那些几乎可以肯定要发生的费用。因此,它是估算不可缺少的组成部分。

②不可预见准备金。此项准备金(在未明确项目准备金之外)用于在估算达到了一定的完整性并符合技术标准的基础上,由于物质、社会和经济的变化,导致估算增加的情况。此种情况可能发生,也可能不发生。因此,不可预见准备金只是一种储备,可能不动用。

（4）建设成本上升费用

通常,估算中使用的构成工资率、材料和设备价格基础的截止日期就是"估算日期"。必须对该日期或已知成本基础进行调整,以补偿直至工程结束时的未知价格的增长。

工程的各个主要组成部分(国内劳务和相关成本、本国材料、外国材料、本国设备、外国设备、项目管理机构)的细目划分确定以后,便可确定每一个主要组成部分的增长率。这个增长率是一项判断因素,它以已发表的国内和国际成本指数、公司记录等为依据,并与实际供应进行核对,然后根据已确定的增长率和从工程进度表中获得的每项活动的中点值,计算出每项主要组成部分的成本上升值。

6.2 设备及工器具购置费用

设备及工器具购置费用是由设备购置费和工器具及生产厂家购置费组成的,它是固定资产投资中的积极部分。在生产性工程建设中,设备及工器具购置费用占工程费用比重的增大,意味着生产技术的进步和资本有机结构的提高。

1）设备购置费

设备购置费是指达到固定资产投资标准,为建设工程项目购置或自制的各种国产设备或进口设备的费用。它由设备原价和设备运杂费构成。其计算公式为:

$$设备购置费＝设备原价＋设备运杂费$$

式中:设备原价指国产设备或进口设备的原价;设备运杂费是指设备原价之外的设备采购、运输、途中包装、仓库保管等方向支出费用的总和。

（1）国产设备原价的构成及计算

国产设备原价一般指的是设备制造厂的交货价,或订货合同价。它一般根据生产厂或供应商的询价、报价、合同价确定,或采用一定的方法计算确定。国产设备原价分为国产标准设备原价和国产非标准设备原价。

①国产标准设备原价

国产标准设备是指按照主管部门的标准图纸和技术要求,由设备生产厂批量生产的,符合国际质量检验标准的设备。国产标准设备原价一般指的是设备制造厂的交货价,即出厂价。如设备由设备公司成套供应,则以订货合同价为设备原价。有的设备有两种出厂价,即带有备件的出厂价和不带有备件的出厂价。在计算设备时,一般按带有备件的出厂价计算。

②国产非标准设备原价

国产非标准设备是指国家尚无定型标准,各设备生产厂不可能在工艺过程中采用数量生产,只能按一次订货,并根据具体的设计图纸制造的设备。国产非标准设备原价有多种不同的计算方法,如成本计算估价法、系列设备插入估价法、分部组合估价法、定额估价法等。无论采用哪种方法都应该使国产非标准设备计价接近实际出厂价,并且计算方法要简单。按成本计算估价法,国产非标准设备的原价由以下各项组成。

a. 材料费。其计算公式如下:

$$材料费＝材料净重×(1＋加工损耗系数)×每吨材料综合价$$

b. 加工费。包括生产工人工资和工资附加费、燃料动力费、设备折旧费、车间经费。其计算公式如下:

$$加工费＝设备总质量(t)×设备每吨加工费$$

c. 辅助材料费,简称辅助材费。包括焊条、焊丝、氧气、氩气、氮气、油漆、电石等费用。其计算公式如下:

$$辅助材料费＝设备总质量×辅助材料费指标$$

d. 专用工具费。按 a～c 项之和乘以一定百分比计算。

e. 废品损失费。按 a～d 项之和乘以一定百分比计算。

f. 外购配套件费。按设备设计图纸所列的外购配套件的名称、型号、规格、数量、质量,根据相应的价格加运费杂费计算。

g. 包装费。按以上 a～f 项之和乘以一定百分比计算。

h. 利润。可按 a～e 项加 g 项之和乘以一定利润率计算。

i. 税金。主要指增值税。其计算公式为:

$$增税值＝当期销项税额－选项税额$$
$$当期销项税额＝销售额×适用增值税税率$$

式中:销售额为 a～h 项之和。

j. 非标准设计费:按国家规定的设计费收费标准计算。

综上所述,单台国产非标准设备原价可用下面的公式表达:

$$单台非标准设备原价＝\{[(材料费＋加工费＋辅助材料费)×(1＋专用工具费费率)×$$
$$(1＋废品损失费费率)＋外购配套件费]×(1＋包装费费率)－$$
$$外购配套件费\}×(1＋利润率)＋销项税金＋非标准设备设计费＋$$
$$外购配套件费$$

(2) 进口设备原价的构成及计算

进口设备的原价是指进口设备的抵岸价,即抵达买方边境港口或边境车站,且交完关税等税费后形成的价格。进口设备抵岸价的构成与进口设备的交货方式有关。

①进口设备的交货方式

进口设备的交货方式可分为内陆交货类、目的地交货类、装运港机交货类。

②进口设备原价的构成及计算

进口设备采用最多的是装运港船上交货价(FOB),其抵岸价的构成可概括为:

$$进口设备原价=货价+国际运费+运输保险费+银行财务费+外贸手续费+$$
$$关税+增值税+消费税+海关监管手续费+车辆购置附加费$$

a. 货价。一般指装运港船上交货价(FOB)。设备货价分为原币货价和人民币货价,原币货价一律折算成美元表示,人民币货价按原币货价乘以外汇市场美元对兑换人民币中间价确定。进口设备货价按有关生产厂商询价、报价、订货合同计算。

b. 国际运费。即从装运港(站)到达我国抵港(站)的运费。我国大部分进口设备采用海洋运输,小部分采用铁路运输,个别采用航空运输。进口设备国际运费公式为:

$$国际运费(海、陆、空)=原货币价(FOB)\times 运费费率$$
$$国际运费(海、陆、空)=运量\times 单位运价$$

式中:运费费率或单位运价参照有关部门或进出口公司的规定执行。

c. 运输保险费。对外贸易货物运输是由保险人(保险公司)与被保险人(出口人或进口人)订立保险契约,在被保险人在交付议定的保险费后,保险人根据保险契约的规定对货物在运输过程中发生的承保责任范围内的损失给予经济补偿。这是一种财产保险。其计算公式为:

$$运输保险费=[原货币价(FOB)+国外运费]/(1-保险费费率)\times 保险费费率$$

d. 银行财务费。一般是指中国银行手续费,可按下式简化计算:

$$银行财务费=人民币货价(FOB)\times 银行财务费费率$$

e. 外贸手续费。指按商务部规定的外贸手续费费率计取的费用,外贸手续费费率一般取1.5%。其计算公式为:

$$外贸手续费=[装运港船上交货价(FOB)+国际运费+运输保险费]\times 外贸手续费费率$$

f. 关税是由海关对进出国境或关境的货物和物品征收的一种税。其计算公式为:

$$关税=到岸价格(CIF)\times 进口关税税率$$

式中:到岸价格(CIF)包括离岸价格(FOB)、国际运费、运输保险费等费用,可以作为关税完税价格。进口关税税率按我国海关总署发布的进口关税税率计算。

g. 增值税。增值税是对从事贸易的单位和个人,在进口商品报关进口后征收的税种。我国规定,进口应税商品均按组成计税价格和增值税税率直接计算应纳税额。其计算公式为:

$$进口产品增值税额=组成计税价格\times 增值税税率$$
$$组成计税价格=关税完税价格+关税+消费税$$

式中:增值税税率根据规定的税率计算。

h. 消费税。对部分进口设备(如轿车、摩托车等)征收,其计算公式为:

$$应纳消费税额=(到岸价+关税)/(1-消费税税率)\times 消费税税率$$

式中:消费税税率根据规定的税率计算。

i. 海关监管手续费。指海关对进口减税、免税、保税货物实施监督、管理,提供服务的手续费。对于全额征收进口关税的货物,不计本项费用。其计算公式为:

$$海关监管手续费＝到岸价×海关监管手续费费率$$

j. 车辆购置附加费:进口车辆需交进口车辆购置附加费。其计算公式为:

$$进口车辆购置附加费＝(到岸价＋关税＋消费税＋增值税)×进口车辆购置附加费$$

(3) 设备运杂费的构成

设备运杂费通常由下列各项构成:

①国产标准设备由设备制造厂的交货地点起至工地仓库(或施工组成设计指定的需要安装设备的堆放地点)止所发生的运输费和装卸费。

进口设备则由我国到岸港口、边境车站起至工地仓库(或施工组成设计指定的需要安装设备的堆放地点)止所发生的运输费和装卸费。

②在设备出厂价格中没有包含的设备包装和包装材料器具费;在设备出厂价或进口设备价格中如已包含了此项费用,则不应重复计算。

③供销部门的手续费,按有关部门的统一费率计算。

④建设单位(或工程承包公司)的采购与仓库保管费,是指采购、验收、保管和收发设备所发生的各种费用,包括设备采购、保管和管理人员的工资、工资附加费、办公费、差旅交通费、设备供应部门办公和仓库所占供应资产使用费、工具用具使用费、劳动保护费、检验实验费等。这些费用可按主管部门规定的采购及保管费费率计算。

设备运杂费按设备原价乘以设备运杂费费率计算,其计算公式为:

$$设备运杂费＝设备原价×设备运杂费费率$$

式中:设备运杂费费率按各部门及省、市等的规定计取。

一般来讲,沿海和交通便利的地区,设备运杂费费率相对低一些;内地和交通不便利的地区就要相对高一些,边远省份则更高一些。对于非标准设备来讲,应尽量就近委托设备制造厂,以大幅度降低设备运杂费。进口设备由于原价较高,国内运距较短,因而运杂费费率应适当降低。

2) 工器具及生产家具购置费

工器具及生产家具购置费,是指新建或扩建项目初步设计规定的,保证初期正常生产必须购置的没有达到固定资产标准的设备、仪器、工卡模具、器具、生产家具和备品备件等的购置费用。一般以设备购置费为计算基数,按照部门或行业规定的工器具及生产家具费率计算。其计算公式为:

$$工器具及生产家具购置费＝设备购置费×定额费率$$

6.3 建筑安装工程费用

6.3.1 建筑安装工程费用项目组成

1) 按费用构成要素划分

建筑安装工程费用按照费用构成要素划分,由人工费、材料(包含工程设备,同下)费、施工机具使用费、企业管理费、利润、规费和税金组成。其中,人工费、材料费、施工机具使用费、企业管理费和利润包含在分部分项工程费、措施项目费、其他项目费中,如图6.2所示。

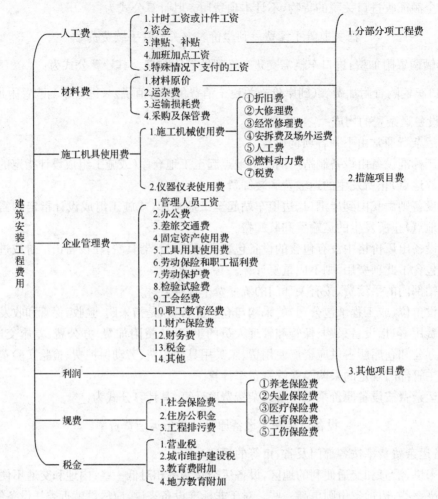

图6.2 建筑安装工程费用项目组成(按费用构成要素划分)

(1) 人工费

人工费是指按工资总额构成规定,支付给从事建筑安装工程施工的生产工人和附属生产单位工人的各项费用。其内容包括:

①计时工资或计件工资:是指按计时工资标准和工作时间或对已做工作按计件单价支付给个人的劳动报酬。

②奖金:是指对超额劳动和增收节支的个人支付的劳动报酬。如节约奖、劳动竞赛奖等。

③津贴、补贴:是指为了补偿职工特殊或额外的劳动消耗和因其他特殊原因支付给个人的津贴,以及为了保证职工工资水平不受物价影响支付给个人的物价补贴。如流动施工津贴、特殊地区施工津贴、高温(寒)作业临时津贴、高空津贴等。

④加班加点工资:是指按规定支付的在法定节假日工作的加班工资和在法定日工作时额外延时工作的加点工资。

⑤特殊情况下支付的工资:是指根据国家法律、法规和政策规定,因病、工伤、产假、计划生育、婚丧假、事假、探亲假、定期休假、停工学习、执行国家或社会义务等原因按计时工资标准或

计时工资标准的一定比例支付的工资。

（2）材料费

材料费是指施工过程中消耗的原材料、辅助材料、构配件、零件、半成品或成品、工程设备的费用。其内容包括：

①材料原价：是指材料、工程设备的出厂价格或商家供应价格。

②运杂费：是指材料、工程设备自来源地运至工地仓库或指定堆放地点所发生的全部费用。

③运输损耗费：是指材料在运输装卸过程中不可避免的损耗。

④采购及保管费：是指为组织采购、供应和保管材料、工程设备的过程中所需的各项费用。其中，包括采购费、仓储费、工地保管费、仓储损耗费。

工程设备是指构成或计划构成永久工程一部分的机电设备、金属结构设备、仪器装置及其他类似的设备和装置。

（3）施工机具使用费

施工机具使用费是指施工作业所发生的施工机械、仪器仪表使用费或其租赁费。

①施工机械使用费。施工机械使用费以施工机械台班耗用量乘以施工机械台班单价表示，施工机械台班单价应由下列7项费用组成：

a. 折旧费：指施工机械在规定的使用年限内，陆续收回其原值的费用。

b. 大修理费：指施工机械按规定的大修理间隔台班进行必要的大修理，以恢复其正常功能所需的费用。

c. 经常修理费：指施工机械除大修理以外的各级保养和临时故障排除所需的费用。包括为保障机械正常运转所需替换设备与随机配备工程附具的摊销和维护费用，机械运转中日常保养所需润滑与擦拭的材料费用及机械停滞期间的维护和保养费用等。

d. 安拆费及场外运费：安拆费指施工机械（大型机械除外）在现场进行安装与拆卸所需的人工、材料、机械和试运转费用以及机械辅助设备的折旧、搭设、拆除等费用；场外运费指施工机械整体或分体自停放地点运至施工现场或由一施工地点运至另一施工地点的运输、装卸、辅助材料及架线等费用。

e. 人工费：指机上司机（司炉）及其他操作人员的人工费。

f. 燃料动力费：指施工机械在运转作业中所消耗的各种燃料及水、电等。

g. 税费：指施工机械按照国家规定应缴纳的车船使用税、保险费及年检费等。

②仪器仪表使用费。仪器仪表使用费是指工程施工所需使用的仪器仪表的摊销及维修费用。

（4）企业管理费

企业管理费是指建筑安装企业组织施工生产和经营管理所需的费用。其内容包括：

①管理人员工资：是指按规定支付给管理人员的计时工资、奖金、津贴、补贴、加班加点工资及特殊情况下支付的工资等。

②办公费：是指企业管理办公用的文具、纸张、账表、印刷、邮电、书报、办公软件、现场监控、会议、水电、烧水和集体取暖降温（包括现场临时宿舍取暖降温）等费用。

③差旅交通费：是指职工因公出差、调动工作的差旅费、住勤补贴费，市内交通费和误餐补助费，职工探亲路费，劳动力招募费，职工退休、退职一次性路费，工伤人员就医路费，工地转移费以及管理部门使用的交通工具的油料、燃料等费用。

④固定资产使用费：是指管理和试验部门及附属生产单位使用的属于固定资产的房屋、设备、仪器等的折旧、大修、维修或租赁费。

⑤工具用具使用费：是指企业施工生产和管理使用的不属于固定资产的工具、器具、家具、交通工具和检验、试验、测绘、消防用具等的购置、维修和摊销费。

⑥劳动保险和职工福利费：是指由企业支付的职工退职金、按规定支付给离休干部的经费、集体福利费、夏季防暑降温、冬季取暖补贴、上下班交通补贴等。

⑦劳动保护费：是企业按规定发放的劳动保护用品的支出。如工作服、手套、防暑降温饮料以及在有妨碍身体健康的环境中施工的保健费用等。

⑧检验试验费：是指施工企业按照有关标准规定，对建筑以及材料、构建和建筑安装进行一般鉴定、检查所发生的费用，包括自设实验室进行试验所耗用的材料等费用。其中不包括新结构、新材料的试验费，对构建做破坏性试验及其他特殊要求检验试验的费用和建设单位委托检测机构进行检测的费用。此类检测发生的费用，由建设单位在工程建设其他费用中列支。但对施工企业提供的具有合格证明的材料进行检测不合格的，该检测费用由施工企业支付。

⑨工会经费：是指企业按《工会法》规定的全部职工工资总额比例计提的工会经费。

⑩职工教育经费：是指按职工工资总额的规定比例计提，企业为职工进行专业技术和职业技能培训，专业技术人员继续教育、职工职业技能鉴定、职业资格认定以及根据需要对职工进行各类文化教育所发生的费用。

⑪财产保险费：是指施工管理使用的财产、车辆等的保险费用。

⑫财务费：是指企业为施工生产筹集资金或提供预付款担保、履约担保、职工工资支付担保所发生的各种费用。

⑬税金：是指企业按照规定缴纳的房产税、车船使用税、土地使用税、印花税等。

⑭其他：包括技术转让费、技术开发费、投标费、业务招待费、绿化费、广告费、公证费、法律顾问费、审计费、咨询费、保险费等。

(5) 利润

利润是指施工企业完成所承包工程获得的盈利。

(6) 规费

规费是指按国家法律、法规规定，由省级政府和省级有关权力部门规定必须缴纳或计取的费用，其中包括：

①社会保险费。

a. 养老保险费：是指企业按规定标准为职工缴纳的基本养老保险费。

b. 失业保险费：是指企业按照规定标准为职工缴纳的失业保险费。

c. 医疗保险费：是指企业按照规定标准为职工缴纳的基本医疗保险费。

d. 生育保险费：是指企业按照规定标准为职工缴纳的生育保险费。

e. 工伤保险费：是指企业按照规定标准为职工缴纳的工伤保险费。

②住房公积金：是指企业按照规定标准为职工缴纳的住房公积金。

③工程排污费：是指按规定缴纳的施工现场工程排污费。

其他应列入而未列入的规费，按实际发生计费。

(7) 税金

税金是指国家税法规定的应计入建筑安装工程造价内的营业税、城市维护建设税、教育费附加以及地方教育附加。

2）按造价形成划分

建筑安装工程费用按照工程造价形成由分部分项工程费、措施项目费、其他项目费、规费、税金组成。分部分项工程费、措施项目费、其他项目费包括人工费、材料费、施工机具使用费、企业管理费和利润，如图6.3所示。

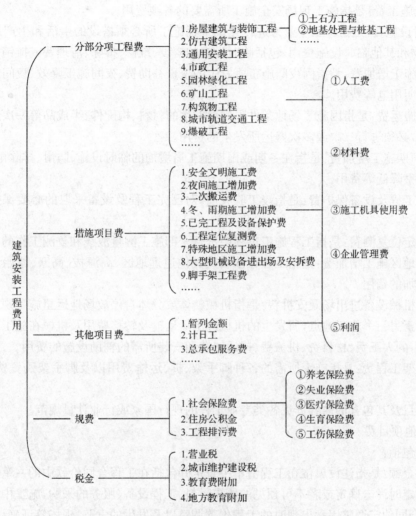

图6.3 建筑安装工程费用项目组成（按造价形成划分）

（1）分部分项工程费

分部分项工程费是指各专业工程的分部分项工程应予列支的各项费用。

①专业工程：是指按现行国家计量规范划分的房屋建筑与装饰工程、仿古建筑工程、通用安装工程、市政工程、园林绿化工程、矿山工程、构筑物工程、城市轨道交通工程、爆破工程等各类工程。

②分部分项工程：是指按现行国家计量规范对各专业工程划分的项目。如房屋建筑与装饰工程划分的土石方工程、地基处理与桩基工程、砌筑工程、钢筋及钢筋混凝土工程等。

各类专业工程的分部分项工程划分见现行国家或行业计量规范。

（2）措施项目费

措施项目费是指为完成建设工程施工，发生于该工程施工前和施工过程中的技术、生活、安

全、环境保护等方面的费用。其内容包括:

①安全文明施工费。其又包括:

a. 环境保护费:是指施工现场为达到环保部门要求所需要的各项费用。

b. 文明施工费:是指施工现场文明施工所需要的各项费用。

c. 安全施工费:是指施工现场安全施工所需要的各项费用。

d. 临时设施费:是指施工企业为进行建设工程施工所必须搭设的生活和生产用的临时建筑物、构筑物和其他临时设施费用,包括临时设施的搭设、维修、拆除、清理费或摊销费等。

②夜间施工增加费:是指因夜间施工所发生的夜班补助费、夜间施工降效、夜间施工照明设备摊销及照明用电等费用。

③二次搬运费:是指因施工场地条件限制而发生的材料、构配件、半成品等一次运输不能到达堆放地点,必须进行二次或多次搬运所发生的费用。

④冬、雨期施工增加费:是指在冬期或雨期施工需增加的临时设施、防滑、排除雨雪、人工及施工机械效率降低等费用。

⑤已完工程及设备保护费:是指竣工验收前,对已完工程及设备采取的必要保护措施所发生的费用。

⑥工程定位复测费:是指工程施工过程中进行全部施工测量放线和复测工作的费用。

⑦特殊地区施工增加费:是指工程在沙漠或其他边远地区、高海拔、高寒、原始森林等特殊地区施工增加的费用。

⑧大型机械设备进出场及安拆费:是指机械整体或分体自停放场地运至施工现场或由一个施工地点运至另一个施工地点,所发生的机械进出场运输及转移费用及机械在施工现场进行安装、拆卸所需的人工费、材料费、机械费、试运转费和安装所需的辅助设施的费用。

⑨脚手架工程费:是指施工所需的各种脚手架、拆、运输费用以及脚手架购置费的摊销(或租赁)费用。

措施项目及其包含的内容详见各类专业工程的现行国家或行业计量规范。

(3)其他项目费

其内容包括:

①暂列金额:是指建设单位在工程清单中暂定并包括在工程合同价款中的一笔款项。用于施工合同鉴定时尚未确定或者不可预见的所需材料、工程设备、服务的采购,施工中可能发生的工程变更、合同约定调整因素出现时的工程价款调整以及发生的索赔、现场签证确认等的费用。

②计日工:是指在施工过程中,施工企业完成建设单位提出的施工图纸以外的零星项目和工作所需的费用。

③总承包服务费:是指总承包人为配合、协调建设单位进行的专业工程发包,对建设单位自行采购的材料、工程设备等进行保管以及施工现场管理、竣工资料汇总整理等服务所需的费用。

(4)规费

建筑安装工程费用项目组成按造价形成划分时,规费的定义与按费用构成要素划分时相同。

(5)税金

建筑安装工程费用项目组成按造价形成划分时,税金的定义与按费用构成要素划分时相同。

6.3.2 建筑安装工程费用参考计算方法

1) 各费用构成要素参考计算方法

（1）人工费

人工费的计算公式为：

$$人工费 = \sum（工日消耗量 \times 工日单价）$$

$$日工资单价 = （奖金 + 津贴、补贴 + 特殊情况下支付的工资）/ 年平均每月法定工作日$$

注：上式主要适用于施工企业投标报价时自主确定人工费，也是工程造价管理机构编制计划定额确定定额人工单价或发布人工成本信息的参考依据。

人工费的另一计算公式为：

$$人工费 = \sum（工程工日消耗量 \times 日工资单价）$$

式中：日工资单价是指施工企业平均技术熟练程度的生产工人在每工作日（国家法定工作时间内）规定从事施工作业应得的工资总额。

工程造价管理机构确定日工资单价应通过市场调查、根据工程项目的技术要求，参考实物工程量、人工单价综合分析确定，最低日工资单价不得低于工程所在地人力资源和社会保障部门所发布的最低的工资标准的：普工 1.3 倍、一般技工 2 倍、高级技工 3 倍。

计价定额不可只列一个综合工日单价，应根据工程项目技术要求和工种差别适当划分多种日人工单价，确保各分部工程人工费的合理构成。

注：上式适用于工程造价管理机构编制计价定额时确定定额人工费，是施工企业投标报价的参考依据。

（2）材料费

①材料费，其计算公式为：

$$材料费 = \sum（材料消耗量 \times 材料单价）$$

$$单价 = （材料原价 + 运杂费）\times [1 + 运输损耗率（\%）] \times [1 + 采购及保管费费率（\%）]$$

②工程设备费，其计算公式为：

$$工程设备费 = \sum（工程设备量 \times 工程设备单价）$$

$$工程设备单价 = （设备原价 + 运杂费）\times [1 + 采购及保管费费率（\%）]$$

（3）施工机具使用费

①施工机械使用费，其计算公式为：

$$施工机械使用费 = \sum（施工机械台班消耗量 \times 机械台班单价）$$

$$机械台班单价 = 台班折旧费 + 台班大修费 + 台班经常修理费 + 台班安拆费及$$
$$场外运费 + 台班人工费 + 台班燃料动力费 + 台班车船税费$$

注：工程造价管理机构在确定计价定额中的施工机械使用费时，应根据《全国统一施工机械台班费用编制规则》，并结合市场调查编制施工台班单价。施工企业可以参考工程造价管理机构发布的台班单价，自主确定施工机械使用费的报价，如租赁施工机械，其计算公式为：

$$施工机械使用费 = \sum（施工机械台班消耗量 \times 机械台班租赁单价）$$

②仪器仪表使用费，其计算公式为：

$$仪器仪表使用费＝工程使用的仪器仪表摊销费＋维修费$$

（4）企业管理费

企业管理费可使用以下三种计算方法：

①以分部分项工程费为计算基础。其计算公式为：

$$企业管理费费率（\%）＝生产工人年平均管理费/年有效施工天数×人工单价×$$
$$人工费占分部分项工程费比例（\%）$$

②以人工费和机械费合计为计算基础。其计算公式为：

$$企业管理费费率（\%）＝生产工人年平均管理费/年有效施工天数×（人工单价＋$$
$$每一工日机械使用费）×100\%$$

③以人工费为计算基础。其计算公式为：

$$企业管理费费率（\%）＝生产工人年平均管理费/年有效施工天数×人工单价×100\%$$

注：上述公式适用于施工企业投标报价时自主确定管理费，是工程造价管理机构编制计价定额确定企业管理费的参考依据。

工程造价管理机构在确定计价定额中企业管理费时，应以定额人工费或“定额人工费＋定额机械费”作为计算基础，其费率根据历年工程造价积累的资料，辅以调查数据确定，列入分部分项工程和措施项目中。

（5）利润

①施工企业根据企业自身需求并结合建筑市场实际自主确定，列入报价中。

②工程造价管理机构在确定计价定额中的利润时，应以定额人工费或“定额人工费＋定额机械费”作为计算基数，其费率根据历年工程造价积累的资料，并结合建筑市场实际确定，以单位（单项）工程测算，利润在税前建筑安装工程费的比重可按不低于 5％且不高于 7％的费率计算。利润应列入分部分项工程和措施项目中。

（6）规费

①社会保险费和住房公积金。社会保险费和住房公积金应以定额人工费为计算基础。根据工程所在地省、自治区、直辖市或行业建设主管部门规定费率计算。其计算公式为：

$$社会保险费和住房公积金＝\sum（工程定额人工费×社会保险费和住房公积金费率）$$

式中：社会保险费和住房公积金费率可以以每万元发承包价的生产工人人工费和管理人员工资含量与工程所在地规定的缴纳标准综合分析取定。

②工程排污费。工程排污费等其他应列而未列入的规费应按工程所在地环境保护等部门规定的标准缴纳，按实际取列入。

（7）税金

税金的计算公式为：

$$税金＝税前造价×综合税率（\%）$$

综合税率可使用以下 4 种计算方法：

①纳税地点在市区的企业，其计算公式为：

$$综合税率（\%）＝1/[1-3\%-(3\%×7\%)-(3\%×3\%)-(3\%×2\%)]-1$$

②纳税地点在县城、镇的企业，其计算公式为：

$$综合税率（\%）＝1/[1-3\%-(3\%×5\%)-(3\%×3\%)-(3\%×2\%)]-1$$

③纳税地点不在市区、县城、镇的企业，其计算公式为：

$$综合税率(\%)=1/[1-3\%-(3\%\times1\%)-(3\%\times3\%)-(3\%\times2\%)]-1$$

④实行营业税改增值税的,按纳税地点现行税率计算。

2) 按造价形成要素参考计算方法

（1）分部分项工程费

分部分项工程费的计算公式为:

$$分部分项工程费=\sum（分部分项工程量\times综合单价）$$

式中:综合单价包括人工费、材料费、施工机具使用费、企业管理费和利润以及一定范围的风险费用(下同)。

（2）措施项目费

①国家计量规范规定应予计量的措施项目,其计算公式为:

$$措施项目费=\sum（措施项目工程量\times综合单价）$$

②国家计量规范规定不宜计量的措施项目计算方法如下:

a. 安全文明施工费。其计算公式为:

$$安全文明施工费=计算基数\times安全文明施工费费率(\%)$$

式中:计算基数应为定额基价(定额分部分项工程+定额中可以计量的措施项目费)、人工费或"定额人工费+定额机械费",其费率由工程造价管理机构根据各专业工程的特点综合确定。

b. 夜间施工增加费。其计算公式为:

$$夜间施工增加费=计算基数\times夜间施工增加费费率(\%)$$

c. 二次搬运费。其计算公式为:

$$二次搬运费=计算基数\times二次搬运费费率(\%)$$

d. 冬、雨期施工增加费。其计算公式为:

$$冬、雨期施工增加费=计算基数\times冬、雨期施工增加费费率(\%)$$

e. 已完工程及设备保护费。其计算公式为:

$$已完工程及设备保护费=计算基数\times已完工程及设备保护费费率(\%)$$

上述 b～e 项措施项目的计费基数应为定额人工费或"定额人工费+定额机械费",其费率由工程造价管理机构根据各专业工程特点和调查资料综合分析后确定。

（3）其他项目费

①暂列金额由建设单位根据工程特点,按有关计价规定估算,施工过程中由建设单位掌握使用、扣除合同价款调整后如有余额,归建设单位。

②计日工由建设单位和施工企业按施工过程中的鉴证计价。

③总承包服务费由建设单位在招标控制价中根据总承包服务范围和有关计价编制,施工企业投标是自主报价,施工过程中按签约合同价执行。

（4）规费和税金

建设单位和施工企业均应按照省、自治区、直辖市或行业建设主管部门发布标准计算规费和税金,不得作为竞争性费用。

3) 相关问题的说明

①各专业工程计价定额的编制及其计价程序,均按相关规定实施。

②各专业工程计价定额的使用周期原则上为 5 年。

③工程造价管理机构在定额使用周期内,应及时发布人工、材料、机械台班价格信息,实行工程造价动态管理,如遇国家法律、法规、规章或相关政策变化以及建筑市场物价波动较大时,应试用调整定额人工费、定额机械费以及定额基价或规定费费率,使建筑安装工程费能反映建筑市场实际。

④建设单位在编制招标控制价时,应按照各专业工程的计量规范和计价定额以及工程造价信息编制。

⑤施工企业在使用计价定额时除不可竞争费用外,其余仅作参考,由施工企业投标时自主报价。

6.3.3 建筑安装工程计价程序

(1)建设单位工程招标控制价计价程序

建设单位工程招标控制价计价程序见表 6.1。

表 6.1 建设单位工程招标控制价计价程序

序号	内容	计算方法	金额(元)
1	分部分项工程费	控计价规定计算	
1.1			
1.2			
1.3			
1.4			
1.5			
2	措施项目费	按计价规定计算	
2.1	其中,安全文明施工费	按规定标准计算	
3	其他项目费		
3.1	其中,暂列金额	按计价规定估算	
3.2	其中,专业工程暂估价	按计价规定估算	
3.3	其中,计日工	按计价规定估算	
3.4	其中,总承包服务费	按计价规定估算	
4	规费	按规定标准计算	
5	税金(扣除不列入计税范围的工程设备金额)	(1+2+3+4)×规定税率	

招标控制价合计=1+2+3+4+5

（2）施工企业工程投标报价计价程序

施工企业工程投标报价计价程序见表 6.2。

表 6.2 施工企业工程投标报价计价程序

工程名称：　　　　　　　　　　　　　　　　标段：

序号	内容	计算方法	金额(元)
1	分部分项工程费	自主报价	
1.1			
1.2			
1.3			
1.4			
1.5			
1	措施项目费	自主报价	
2.1	其中,安全文明施工费	按规定标准计算	
3	其他项目费		
3.1	其中,暂列金额	按招标文件提供金额计列	
3.2	其中,专业工程暂估价	按招标文件提供金额计列	
3.3	其中,计日工	自主报价	
3.4	其中,总承包服务费	自主报价	
4	规费	按规定标准计算	
5	税金(扣除不列入计税范围的工程设备金额)	(1＋2＋3＋4)×规定税率	
投标报价合计＝1＋2＋3＋4＋5			

（3）工程结算计价程序

工程结算计价程序见表 6.3。

表 6.3 工程结算计价程序

序号	汇总内容	计算方法	金额(元)
1	分部分项工程费	按合同约定计算	
1.1			
1.2			
1.3			

（续表）

序号	汇总内容	计算方法	金额（元）
1.4			
1.5			
2	措施项目	按合同约定计算	
2.1	其中，安全文明施工费	按规定标准计算	
3	其他项目		
3.1	其中，专业工程结算价	按合同约定计算	
3.2	其中，计日工	按计日工签证计算	
3.3	其中，总承包服务费	按合同约定计算	
3.4	索赔与现场签证	按发承包双方确定数额计算	
4	规费	按规定标准计算	
5	税金（扣除不列入计税范围的工程设备金额）	（1+2+3+4）×规定税率	
工程结算总价合计＝1+2+3+4+5			

6.4　工程建设其他费用构成

工程建设其他费用是指从工程筹建到工程竣工验收交付使用的整个建设期间，除建筑安装工程费用和设备及工器具购置费以外的，为保证工程建设顺利完成和交付使用后能够正常发挥效用而发生的各项费用开支。长期以来，其他费用一直采用定性与定量相结合的方式，由主管部门指定费用标准，为合理确定工程造价提供依据。工程建设其他费用定额经批准后，对建设项目实施全过程费用控制。

工程建设其他费用定额包括土地使用费、与项目建设有关的其他费用和与未来企业生产经营有关的其他费用，如图 6.4 所示。

1）土地使用费

任何一个建设项目部都要固定于一定地点与地面相连接，必须占用一定量的土地，也就必然要发生为获得建设用地而支付的费用，这就是土地使用费。它是指通过划拨方式取得土地使用权而支付的土地征用及迁移补偿费，或者通过土地使用权出让取得土地使用权而支付的土地使用权出让金。

（1）土地征用及迁移补偿费

土地征用及迁移补偿费，是指建设项目通过划拨方式取得无期限的土地使用权，依照《中华人民共和国土地管理法》等规定所支付的费用。其总和一般不得超过被征土地年产值的 20 倍，土地年产值则按该地被征用前 3 年的平均产量和国家规定的价格计算。土地征用及迁移补偿费包括以下内容：

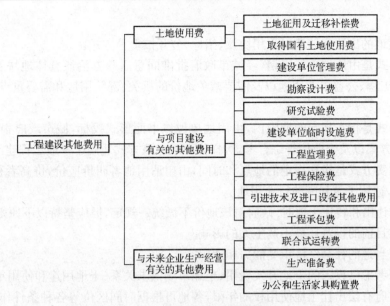

图 6.4 工程建设其他费用构成

①土地补偿费。土地补偿费是指征用耕地(包括菜地)的补偿标准,具体补偿标准由省、自治区、直辖市人民政府在规定范围内制定。征用园地、鱼塘、藕塘、苇塘、宅基地、林地、牧场、草原等的补偿标准,由省、自治区、直辖市人民政府制定。征收无收益的土地,不予补偿。

②青苗补偿费,被征用土地上的房屋、水井等补偿费。青苗补偿费和征用过土地上的房屋、水井、树木等附着物补偿费的标准由省、自治区、直辖市人民政府制定。征用城市郊区的菜地时,还应该按照有关规定向国家缴纳新菜地开发建设基金。

③安置补助费。征用耕地、菜地的,每个农业人口安置补助费为该地每亩年产值的 2～3 倍,每亩耕地的安置补助费最高不得超过其年产值的 10 倍。

④缴纳的耕地占用税、城镇土地使用税等。缴纳的耕地占用税或城镇土地使用税、土地登记费及征地管理费是指县市土地管理机关从征地费提取土地管理费的比率,要按征地工作量大小,视不同情况,在 1‰～4‰ 幅度内提取。

⑤征地动迁费。征地动迁费包括征用土地上的房屋及附属构筑物、城市公共设施等的拆除、迁建补偿费和搬运运输费,企业单位因搬迁造成的减产、停工损失补贴费,拆迁管理费等。

⑥水利水电工程水库淹没处理补偿费。水利水电工程水库淹没处理补偿费包括农村移民安置迁建费,城市迁建补偿费,库区工矿企业、交通、电力、通信、广播、管网、水利等的恢复、迁建补偿费,库底清理费,防护工程费,环境影响补偿费用等。

(2) 取得国有土地使用费

取得国有土地使用费包括土地使用权出让金、城市建设配套费、拆迁补偿与临时安置补助费等。

①土地使用权出让金。土地使用权出让金是指建设工程通过土地使用权出让方式,取得有期限的土地使用权,依照《中华人民共和国城镇国有土地使用权出让和转让暂行条例》规定支付的土地使用权出让金。

a. 明确国家是城市土地的唯一所有者,并分层次、有偿、有期限地出让、转让城市土地。第一层次是城市政府将国有土地使用权出让给用地者,该层次由城市政府垄断经营。出让对象可以是有法人资格的企事业单位,也可以是外商;第二层次及下一层次的转让则发生在使用者之间。

  b. 城市土地的出让和转让可采用协议、招标、公开拍卖等方式。

  • 协议方式是由用地单位申请,经城市政府批准同意后双方洽谈具体地块及地价。该方式适用于市政工程、公益事业用地以及需要减免地价的机关、部队用地和需要重点扶持、优先发展的产业用地。

  • 招标方式是指在规定的期限内,由用地单位以书面形式投标,城市政府根据投标报价、所提供的规划方案以及企业信誉综合考虑,择优而取。该方式适用于一般工程建设用地。

  • 公开拍卖方式是指在指定的地点和时间,由申请用地者叫价应价,价高者得。完全是由市场竞争决定,适用于盈利高的行业用地。

  c. 在有偿让出和转让土地时,政府对该地价不做统一规定,但应坚持以下原则:

  • 地价对目前的投资环境不产生大的影响。

  • 地价与当地的社会经济承受能力相适应。

  • 地价要考虑已投入的土地开发费用、土地市场供求关系、土地用途和使用年限因素。

  d. 关于政府有偿出让土地使用权的年限,各地可根据时间区位等各种条件作不同的规定,一般可在 30~99 年之间。按照地面附属建筑物的折旧年限来看,以 50 年为宜。

  e. 土地有偿出让和转让。土地使用者和所有者签约,明确使用者对土地享有的权利和对土地所有者应承担的义务。

  • 有偿出让和转让使用权,要向土地受让者征收契税。

  • 转让土地如有增值,要向转让者征收土地增值税。

  • 在土地转让期间,国家要区别不同地段、不同用途向土地使用者收取土地占用费。

  ②城市建设配套费。城市建设配套费是指因进行城市公共设施的建设而分摊的费用。

  ③拆迁补偿与临时安置补助费。此项费用由两部分构成,即拆迁补偿费和临时安置补助费或搬迁补助费。拆迁补偿费是指拆迁人对被拆迁人,按照有关规定予以补偿所需的费用。拆迁补偿的形式可分为产权调换和货币补偿两种形式。产权调换的面积按照所拆迁房屋的建筑面积计算;货币补偿的金额以被拆迁房屋所处区位的新建普通商品房市场价格评估确定。在过渡期限内,被拆迁人或者房屋承担人自行安排住处的,拆迁人应当支付临时安置补助费。

  2)与项目建设有关的其他费用

  根据工程的不同,与项目建设有关的其他费用的构成也不尽相同,一般包括以下几项,在进行工程估算及概算中可根据实际情况进行计算。

  (1)建设单位管理费

  建设单位管理费是指建设项目从立项、筹建、建设、联合试运转、竣工验收、交付使用到后评估等全过程管理所需的费用。其内容包含以下方面:

  ①建设单位开办费。指新建项目为保证筹建和建设工作正常进行所需办公设备、生活家具、用具、交通工具等购置费用。

  ②建设单位经费。包括工作人员的基本工资、工资性补贴、职工福利费、劳动保护费、劳动保险费、办公费、差旅交通费、工会经费、职工教育经费、固定资产使用费、工具用具使用费、技术图书资料费、生产人员招募费、工程招标费、合同契约公证费、工程质量监督检测费、工程咨询费、法律顾问费、审计费、业务招待费、排污费、竣工交付使用清理及竣工验收费、后评估等费用。不包括应计入设备、材料预算价格的建设单位采购及保管设备材料所需的使用费。

建设单位管理费按照单项工程费用之和(包括设备及工器具购置费和建筑安装工程费用)乘以建设单位管理费费率计算。

建设单位管理费费率按照建设项目的不同性质、不同规模确定。有的建设项目按照建设工期和规定的金额计算建设单位管理费。

（2）勘察设计费

勘察设计费是指为本建设项目提供项目建议书、可行性研究报告及设计文件等所需费用，内容包括以下方面：

①编制项目建议书、可行性研究报告及投资估算、工程咨询、评价以及为编制上述文件所进行勘察、设计、研究试验等所需费用。

②委托勘察、设计单位进行初步设计、施工图设计及概预算编制等所需费用。

③在规定范围内由建设单位自行完成的勘察、设计工作所需费用。

勘察设计费中，项目建议书、可行性研究报告按国家颁布的收费标准计算，设计费按国家颁布的工程设计收费标准计算；勘察费一般民用建筑 6 层以下的按 3～5 元/m^2 计算，高层建筑按 8～10 元/m^2 计算，工业建筑按 10～12 元/m^2 计算。

（3）研究试验费

研究试验费是指为建设项目提供和验证设计参数、数据、资料等所进行的必要的试验费用以及设计规定在施工中必须进行试验、验证所需费用。其中，包括自行或委托其他部门研究试验所需人工费、资料费、试验设备及仪器使用费等。这项费用按照设计单位根据本工程项目的需要提出的研究试验内容和要求计算。

（4）建设单位临时设施费

建设单位临时设施费是指建设期间建设单位所需临时设施的搭设、维修、摊销费用或租赁费用。

临时设施包括临时宿舍、文化福利及公用事业房屋与构筑物、仓库、办公室、加工厂以及规定范围内的道路、水、电、管线等临时设施和小型临时设施。建设单位临时设施费的计算公式为：

$$建设单位临时设施费＝单项工程费×建设单位临时设施费费率$$

（5）工程监理费

工程监理费是指建设单位委托工程监理单位对工程实施监理工作所需费用。根据国家或省市颁布的收取标准，选择下列方法之一计算：

①工程监理费＝监理工程概预算工程造价×收费标准。此方法适用于一般工业与民用建筑工程的监理。

②工程监理费＝监理的年平均人数×[3.5 万～5 万元/(人·年)]。

此方法适用于单工种或临时性项目的监理。

③不宜按①、②两种办法计收的，由业主和监理单位按商定的其他办法计收。

（6）工程保险费

工程保险费是指建设项目在建设期间根据需要实施工程保险所需的费用。其中包括以各种建筑工程及其在施工过程中的物料、机器设备为保险标的的建筑工程一切险，以安装工程中的各种机器、机械设备为保险标的的安装工程一切险，以及机器损坏保险等。根据不同的工程类别，分别以其建筑、安装工程费乘以建筑、安装工程保险费费率计算。民用建筑(住宅楼、综合性大楼、商场、旅馆、医院、学校等)的工程保险费占建筑工程费的 2%～4%;其他建筑(工业厂房、仓库、道路、码头、水坝、隧道、桥梁、管道等)的工程保险费占建筑工程费的 3%～6%;安装工程(农业、工业、机械、电子、电器、纺织、矿山、石油、化学及钢铁工业、钢结构桥梁)的工程保险费占建筑工程的 3%～6%。

工程保险费的计算公式为:工程保险费＝建筑工程费×工程保险费费率。

(7) 引进技术及进口设备其他费用

引进技术及进口设备其他费用,包括出国人员费用、国外工程技术人员来华费用、技术引进费、分期或延期付款利息、担保费以及进口设备检验鉴定费。

①出国人员费用。指为引进技术和进口设备派出人员在国外培训和进行设计联络、设备检验等差旅费、制装费、生活费等。这项费用根据设计规定的出国培训和工作的人数、时间及派往国家,按财政部、外交部规定的临时出国人员费用开支标准及中国民用航空公司现行国际航线票价等进行计算,其中使用外汇部分应计算银行财务费用。

②国外工程技术人员来华费用。指为安装进口设备、引进国外技术等聘用外国工程技术人员进行技术指导工作所发生的费用。其中包括技术服务费,外国技术人员在华工资、生活补贴、差旅费、医药费、住宿费、交通费、宴请费、参观游览等招待费用。这项费用按每人每月费用指标计算。

③技术引进费。指为引进国外先近技术而支付的费用。其中包括专利费、专有技术费(技术保密费)、国外设计及技术资料费、计算机软件费等。这项费用根据合同或协议的价格计算。

④分期或延期付款利息。指利用出口信贷引进技术或进口设备采取分期或延期付款的办法所支付的利息。

⑤担保费。指国内金融机构为买方出具保函的担保费。这项费用按有关金融机构规定的担保费费率计算(一般可按担保金额的 5%计算)。

⑥进口设备检验鉴定费。指进口设备按规定付给商品检验部门的进口设备检验鉴定费。这项费用按进口设备货价的 3%～5%计算。

(8) 工程承包费

工程承包费是指具有总承包条件的工程公司,对工程建设项目从开始建设至竣工投资全过程的总承包所收取的管理费用。具体内容包括组织勘察设计、设备材料采购、非标准设备制造与销售、施工招标、发包、工程预决算项目管理、施工质量监督、隐蔽工程检查、验收和试车直至竣工投资的各种管理费用。该费用按国家主管部门或省、自治区、直辖市协调规定的工程总承包费取费标准计算。

如无规定时,工程承包费可按以下计算公式计算:

$$工程承包费＝项目投资估算造价×费率$$

式中:费率为民用建筑取 4%～6%;

　　　工业建筑取 6%～8%;

　　　市政工程取 4%～6%。

注意:不实行工程承包的项目不计算本项费用。

3) 与未来企业生产经营有关的其他费用

(1) 联合试运转费

联合试运转费是指新建企业或改、扩建企业在工程竣工验收前,按照设计的生产工艺流程和质量标准对整个企业进行联合试运转所发生的费用支出与联合试运转期间的收入部分的差额部分。联合试运转费用一般根据不同的项目按需进行试运转的工艺设备购置费的百分比计算。

联合试运转费的计算公式为：

$$联合试运转费＝试运转车间的工艺设备购置费×费率$$

式中：费率按有关规定计取。

注意：该项费用不包括应由设备安装工程费用项目开支的单台设备调试费及试车费用。

（2）生产准备费

生产准备费是指新建企业或新增生产能力的企业，为保证竣工交付使用进行必要的生产准备所发生的费用。费用内容包括以下几项：

①生产人员培训费，包括自行培训、委托其他单位培训的人员的工资、工资性补贴、职工福利费、差旅交通费、学习资料费、学习费、劳动保护费等。

②生产单位提前进厂参加施工、设备安装、调试等以及熟悉工艺流程及设备性能等人员的工资、工资性补贴、职工福利费、差旅交通费、劳动保护费等。

生产准备费一般根据需要培训和提前进厂人员的人数及培训时间，按生产准备费指标进行估算。

（3）办公和生活家具购置费

办公和生活家具购置费是指为保证新建、改建、扩建项目初期正常生产、使用和管理所必须购置的办公和生活家具、用具的费用。改建、扩建项目所需的办公和生活用具购置费，应低于新建项目。其范围包括办公室、会议室、资料档案室、阅览室、文娱室、食堂、浴室、理发室、单身宿舍和设计规定必须建设的托儿所、卫生所、招待所、中小学校等家具用具购置费。这项费用按照设计定员人数乘以综合指标计算，一般为 600～800 元/人。

6.5 预备费、固定资产投资方向调节税、建设期贷款利息和铺底流动资金

1）预备费

按我国现行规定，预备费包括基本预备费和涨价预备费。

（1）基本预备费

基本预备费是指在初步设计及概算内预料的工程费用，费用内容包括以下几项：

①在批准的初步设计范围内，技术设计、施工图设计及施工过程中所增加的工程费用和设计变更、局部地基处理等增加的费用。

②一般自然灾害造成的损失和预防自然灾害所采取的措施费用。实行工程保险的工程项目费用应适当降低。

③竣工验收时为鉴定工程质量对隐蔽工程进行必要的挖掘和修复费用。

基本预备费是按设备及工器具购置费、建筑安装工程费和工程建设其他费用三者之和为计取基础，乘以基本预备费费率进行计算。其计算公式为：

$$基本预备费＝（设备及工器具购置费＋建筑安装工程费＋工程建设其他费用）×基本预备费费率$$

基本预备费费用的取值应执行国家及相关部门的有关规定。

（2）涨价预备费

涨价预备费是指建设项目在建设期间由于价格等变化引起工程造价变化的预测预留费用。费用包括人工、设备、材料、施工机械的价差费，建筑安装工程费及人工建设其他费用调整，利率、汇率调整等增加的费用。

涨价预备费的测算方法，一般根据国家规定的投资综合价格指数，按估算年份价格水平的投资额为基数，采用复利方法计算。其计算公式为：

$$PF = \sum_{t=1}^{n} I_t \left[(1+f)^t - 1 \right]$$

式中：PF——涨价预备费；

n——建设期年份数；

I_t——建设期中第 t 年的投资计划额，包括设备及工器具购置费、建筑安装工程费、工程建设其他费用及基本预备费；

f——年均投资价格上涨率。

2）固定资产投资方向调节税

为了贯彻国家产业政策，控制投资规模，引导投资方向，调整投资结构，加强重点建设，促进国民经济持续稳定协调发展，国家将根据国民经济的运行趋势和全社会固定资产投资的状况，对进行固定资产投资的单位和个人开征或暂缓征收固定资产投资方向调节税（该税征收对象不含中外合资经营企业、中外合作经营企业和外资企业）。

固定资产投资方向调节税根据国家产业政策和项目经济规模实行差别税率，税率分为0%、5%、10%、15%、30%五个档次，各固定资产投资项目按其单位工程分别确定适用的税率，计税依据为固定资产投资项目实际完成的投资额，其中更新改造项目计税依据为建筑工程实际完成的投资额。固定资产投资方向调节税按固定资产投资项目的单位工程年度计划投资额预缴。年度终了后，按年度实际完成投资额结算，多退少补。项目竣工后按全部实际完成投资额进行清算，多退少补。

（1）基本建设项目投资的税率

①国家急需发展的项目投资，如农业、林业、水利、能源、交通、通信、原材料、科教、地质、勘探、矿上开采等基础产业和薄弱环节的部门项目投资，实行零税率。

②对国家鼓励发展但受能源、交通等制约的项目投资，如钢铁、化工、石油、水泥等部分重要原材料项目，以及一些重要机械、电子、轻工业和新型建材的项目，实行5%的税率。

③为配合住房制度改革，对城乡个人修建、购买住宅的投资实行零税率；对单位修建、购买一般性住宅投资，实行5%的低税率；对单位用公款修建、购买高标准独门独院、别墅式住宅投资，实行30%的高税率。

④对楼堂馆所以及国家严格限制发展的项目投资，课以重税，税率为30%。

⑤对不属于上述提到的其他项目投资，实行中等税负政策，税率为15%。

（2）更新改造项目投资使用的税率

①为了鼓励企事业单位进行设备更新和技术改造，促进技术进步，对国家急需发展的项目投资，予以扶持，适用零税率；对单纯工艺改造和设备更新的项目投资，适用零税率。

②对不属于上述提到的其他更新改造项目投资，一律适用10%的税率。

（3）注意事项

为贯彻国家宏观调控政策,扩大内需,鼓励投资,根据国务院的决定,对《中华人民共和国固定资产投资方向调节税暂行条例》规定的纳税义务人,其固定资产投资应税项目自 2000 年 1 月 1 日起新发生的投资额,暂停征收固定资产投资方向调节税。

3) 建设期贷款利息

为了筹措建设项目资金所发生的各项费用,包括工程建设期间投资贷款利息、企业债券发行费、国外借款手续费和承诺费、汇总净损失及调整外汇手续费、金融机构手续费以及为筹措建设资金发生的其他财务费用等,统称财务费。其中最主要的是在工程项目建设期投资贷款所产生的利息。

建设期贷款利息是指建设项目使用银行或其他金融机构的贷款,在建设期应归还的借款机构在贷出款项时,一般都是按复利计算的。作为投资者来说,在项目建设期间,投资项目一般没有还本付息的资金来源,即使按要求还款,其资金也可能是通过再申请借款来支付。当项目建设期长于一年时,为简化计算,可假定借款发生当年均在年中支用,按半年计息,年初欠款按全年计息,这样,建设期投资贷款的利息可按下式计算:

$$q_j = \left(P_{j-1} + \frac{1}{2}A_j\right) \cdot I$$

式中:q_j——建设期第 j 年应计利息;

P_{j-1}——建设期第 $(j-1)$ 年年末贷款累计金额与利息累计金额;

A_j——建设期第 j 年贷款金额;

I——年利率。

4) 铺底流动资金

铺底流动资金是指生产经营性项目投产后,为进行正常生产运营,用于购买原材料、燃料,支付工资及其他经营费用所需的周转资金,流动资金估算一般是参照现有同类企业的状况分项详细估算法,个别情况或者小型项目可采用扩大指标估算法。

（1）分项详细估算法

对计算流动资金需要掌握的流动资产和流动负债这两类因素应分别进行估算。在可行性研究中,为简化计算,仅对存货、现金、应收账款这三项流动资产和应付账款这项流动负债进行估算。

（2）扩大指标估算法

①按建设投资的一定比例估算。例如,国外化工企业的流动资金,一般是按建设投资的 15%～20%计算。

②按经营成本的一定比例估算。

③按年销售收入的一定比例估算。

④按单位产量占用流动资金的比例估算。

流动资金一般在投资前开始筹措,在投产第一年开始按生产负荷进行安排,其借款部分按全年计算利息,流动资金利息应计入财务费用,项目计算期末回收全部流动资金。

第三篇　定额的应用

7　建筑面积计算

7.1　建筑面积的概念

建筑面积亦称建筑展开面积,是指建筑物各层面积之和。建筑面积包括使用面积、辅助面积和结构面积。使用面积是指建筑物各层平面布置中,可直接为生产和生活使用的净面积之和。居室净面积在民用建筑中,亦称"居住面积"。辅助面积,是指建筑物各层平面布置中为辅助生产或生活所占净面积的总和。使用面积与辅助面积的总和称为"有效面积"。结构面积是指建筑物布置中的墙体、柱等结构所占面积的总和。

7.2　建筑面积的作用

建筑面积是衡量建设规模、考察投资以及有关经济核算的综合性指标,因此,审核建筑面积工程量计算的正确与否,不仅有利于建筑工程有关分项工程的工程数量和费用的计算,而且对于工程建设的各有关方面(如计划、统计、基建会计、施工等)贯彻执行国家的工程建设方针政策具有重要的指导作用。

①建筑面积是一项重要的技术经济指标,它是确定工程概算指标、规划设计方案的重要数据之一。如确定每 $1 m^2$ 造价、人工单耗指标、材料单耗指标等都是以建筑面积为依据。

②建筑面积是检验控制工程进度和竣工任务的重要指标。如"已完工面积""已竣工面积"和"在建面积"等统计数据都是以建筑面积指标来表示的。

③建筑面积是审查评价建筑工程单位造价标准的重要衡量指标。不同档次的建筑,对造价标准的要求均不一样,其统一衡量的标准均以建筑面积为基本依据。

④建筑面积是计算面积利用系数,简化部分工程量的基本数据。如楼地面工程量计算等都需要借用建筑面积作为参数。

⑤建筑面积是划分工程类别大小的标准之一,如某省按工程类别确定其取费标准:民用建筑中的公共建筑,建筑面积在 $10\,000 m^2$ 以上的为一类工程、大于 $6\,000 m^2$ 小于 $10\,000 m^2$ 的为二类工程、大于 $3\,000 m^2$ 小于 $6\,000 m^2$ 的为三类工程、在 $3\,000 m^2$ 以内的为四类工程等。

7.3 建筑面积综合技能案例

7.3.1 主体结构的建筑面积

（1）地上主体结构的建筑面积

建筑物的建筑面积应按自然层外墙结构外围水平面积之和计算。结构层高在 2.20 m 及以上的,应计算全面积;结构层高在 2.20 m 以下的,应计算 1/2 面积。

①建筑物内设有局部楼层时,对于局部楼层的二层及以上楼层,有围护结构的应按其围护结构外围水平面积计算,无围护结构的应按其结构底板水平面积计算,结构层高在 2.20 m 及以上的,应计算全面积,结构层高在 2.20 m 以下的,应计算 1/2 面积。

【例 7-1】计算如图 7.1 所示单层建筑的建筑面积(墙厚 240 mm)。

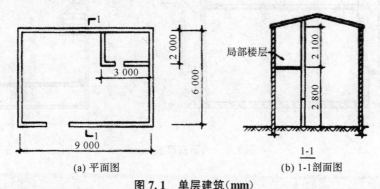

(a) 平面图   (b) 1-1 剖面图

图 7.1　单层建筑(mm)

【解】建筑面积＝(9+0.24)×(6+0.24)+(3+0.24)×(2+0.24)＝64.92 m²

②对于形成建筑空间的坡屋顶,结构净高在 2.10 m 及以上的部位应计算全面积;结构净高在 1.20 m 及以上至 2.10 m 以下的部位应计算 1/2 面积;结构净高在 1.20 m 以下的部位不应计算建筑面积。

注:净高指楼面(地面)至上部楼板底面或吊顶底面的垂直距离。

【例 7-2】计算如图 7.2 所示坡屋顶的建筑面积。

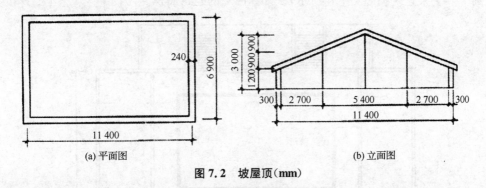

(a) 平面图   (b) 立面图

图 7.2　坡屋顶(mm)

【解】建筑面积＝5.4×(6.9+0.24)+2.7×(6.9+0.24)×0.5×2＝57.83 m²

③建筑物架空层及坡地建筑物吊脚架空层,应按其顶板水平投影计算建筑面积。结构层高在 2.20 m 及以上的,应计算全面积;结构层高在 2.20 m 以下的,应计算 1/2 面积。

④对于建筑物内的设备层、管道层、避难层等有结构层的楼层,结构层高在 2.20 m 及以上的,应计算全面积;结构层高在 2.20 m 以下的,应计算 1/2 面积。

(2) 地下主体结构的建筑面积

地下室、半地下室应按其结构外围水平面积计算。结构层高在 2.20 m 及以上的,应计算全面积;结构层高在 2.20 m 以下的,应计算 1/2 面积。出入口外墙外侧坡道有顶盖的部位,应按其外墙结构外围水平面积的 1/2 计算面积。

【例 7-3】计算如图 7.3 所示地下室的建筑面积。

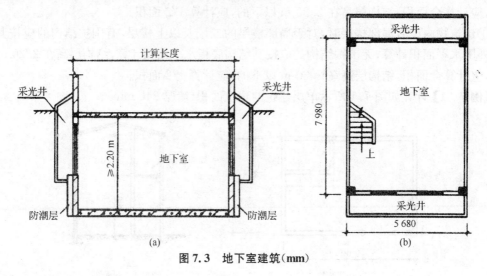

图 7.3　地下室建筑(mm)

【解】建筑面积＝5.68×7.98＝45.33 m²

7.3.2　辅助结构的建筑面积

(1) 室内"水平交通"的建筑面积

建筑物的门厅、大厅应按一层计算建筑面积,门厅、大厅内设置的走廊应按走廊结构底板水平投影面积计算建筑面积。结构层高在 2.20 m 及以上的,应计算全面积;结构层高在 2.20 m 以下的,应计算 1/2 面积。

【例 7-4】某建筑物如图 7.4 所示,试计算回廊的建筑面积。

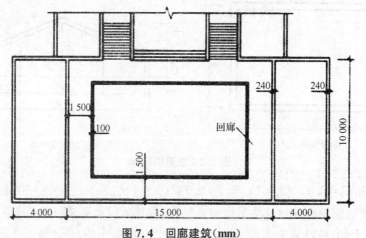

图 7.4　回廊建筑(mm)

【解】若层高>2.20 m,则:

建筑面积=(15-0.24)×1.6×2+(10-0.24-1.6×2)×1.6×2=68.22 m²

若层高≤2.20 m,则:

建筑面积=[(15-0.24)×1.6×2+(10-0.24-1.6×2)×1.6×2]×0.5=34.11 m²

①有围护设施的室外走廊(挑廊),应按其结构底板水平投影面积计算1/2面积;有维护设施(或柱)的檐廊,应按其维护设施(或柱)外围水平面积计算1/2面积。

注:维护设施是指为保障安全而设置的栏杆、栏板等围挡。

②对于建筑物间的架空走廊,有顶盖和围护结构的,应按其围护结构外围水平面积计算全面积;无围护结构、有维护设施的,应按其结构底板水平投影面积计算1/2面积。

【例7-5】计算如图7.5所示有围护走廊建筑的建筑面积(层高3 m)。

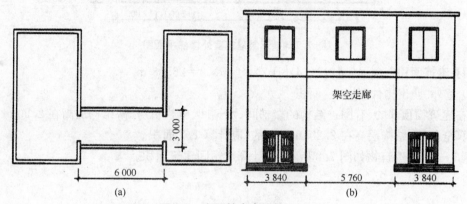

图7.5　有围护走廊建筑(mm)

【解】建筑面积=(6-0.24)×(3+0.24)=18.66 m²

(2)室内竖直交通和通道的建筑面积

建筑物的室内楼梯、电梯井(见图7.6)、提物井、管道井、通风排气竖井、烟道井,应并入建筑物的自然层计算建筑面积。

注:自然层是指按楼地面结构分层的楼层。

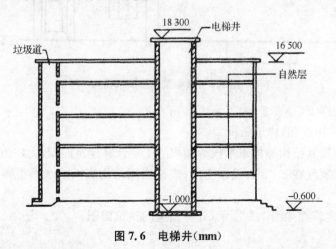

图7.6　电梯井(mm)

(3)室外竖直交通的建筑面积

室外楼梯应并入所依附的建筑物自然层,并应按其水平投影面积的1/2计算建筑面积。

【例 7 - 6】某三层建筑物如图 7.7 所示,试计算室外楼梯的建筑面积。

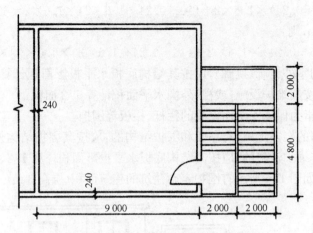

图 7.7 某三层建筑室外楼梯平面图

【解】建筑面积=(4-0.12)×(4.8+2)×0.5×2=26.38 m²

(4) 室外"凸出构件"的建筑面积

设在建筑物顶部的、有围护结构的楼梯间、水箱间、电梯机房等,结构层高在 2.20 m 及以上的应计算全面积;结构层高在 2.20 m 以下的,应计算 1/2 面积。

【例 7 - 7】某建筑物如图 7.8 所示,试计算水箱间建筑面积。

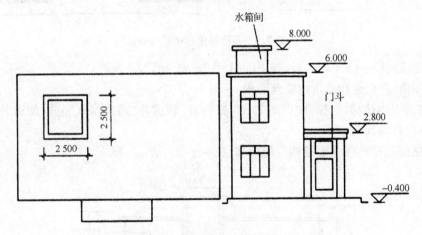

图 7.8 某建筑物屋顶水箱间

【解】建筑面积=2.5×2.5×0.5=3.13 m²

(5) 室外"悬挑构件"的建筑面积

①有柱雨棚应按其结构底板水平投影面积的 1/2 计算建筑面积;无柱雨棚的结构外边线至外墙结构外边线的宽度在 2.10 m 及以上的,应按雨棚结构底板的水平投影面积的 1/2 计算建筑面积。

【例 7 - 8】某建筑物如图 7.9 所示,计算雨篷的建筑面积。

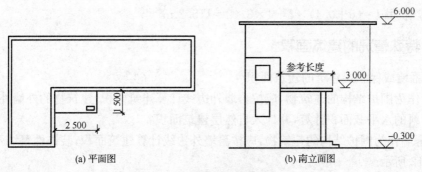

(a) 平面图　　　　　　　　(b) 南立面图

图 7.9　某建筑物雨篷图（mm）

【解】建筑面积＝2.5×1.5×0.5＝1.88 m²

②在主体结构内的阳台,应按其结构外围水平面积计算全面积;在主体结构外的阳台,应按其结构底板水平投影面积计算 1/2 面积。

【例 7-9】某建筑物阳台如图 7.10 所示,计算阳台的建筑面积（墙厚 240 mm）。

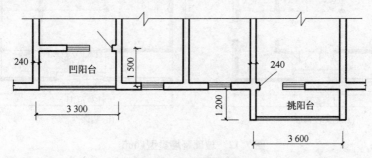

图 7.10　某建筑物阳台

【解】建筑面积＝(3.3-0.24)×1.5+1.2×(3.6+0.24)×0.5＝6.89 m²

③窗台与室内楼梯地面高差在 0.45 m 以下且结构净高在 2.10 m 及以上的凸（飘）窗,应按其围护结构外围水平面积计算 1/2 面积。

（6）室内"有缝构件"的建筑面积

与室内相通的变形缝,应按其自然层合并在建筑物建筑面积内计算。对于高低联跨的建筑物,当高低跨内部连通时,其变形缝应计算在低跨面积内。高低联跨的单层建筑物,如需分别计算建筑面积,应按"高跨算足"的原则进行计算,即以高跨结构外边线为界分别计算。

【例 7-10】某建筑物如图 7.11 所示,试计算其建筑面积。

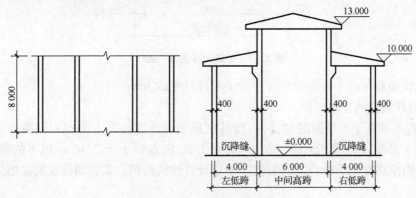

图 7.11　某建筑物示意图（mm）

【解】建筑面积＝(6＋0.4)×8＋4×8×2＝115.2 m²

7.3.3 特殊情况的建筑面积

（1）有幕墙或保温层建筑的建筑面积

有幕墙作为围护结构的建筑物，应按幕墙外边线计算建筑面积；建筑物的外墙外保温层，应按其保温材料的水平截面积计算，并计入自然层建筑面积。

注：以幕墙作为围护结构的建筑物，应按幕墙外边线计算建筑面积；装饰性幕墙不计建筑面积，如图7.12所示。

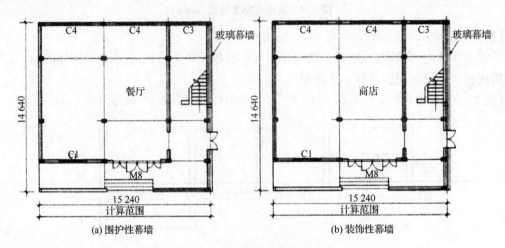

图7.12 玻璃幕墙类型（mm）

【例7-10】某建筑物如图7.13所示，试计算其建筑面积。

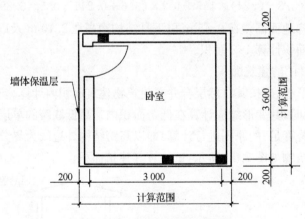

图7.13 外墙外保温层（mm）

【解】建筑面积＝(3＋0.2×2)×(3.6＋0.2×2)＝13.6 m²

（2）倾斜建筑物的建筑面积

围护结构不垂直于水平面的楼层，应按其底板面的外墙外围水平面积计算。结构净高在2.10 m及以上部位，应计算全面积；结构净高在1.20 m及以上至2.10 m以下的部位，应计算1/2面积；结构净高在1.20 m以下的部位，不应计算建筑面积。某倾斜建筑物如图7.14所示。

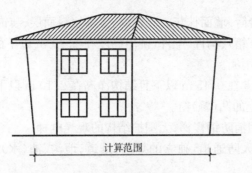

图 7.14 倾斜的建筑

7.3.4 不计算建筑面积的情况

不计算建筑面积的情况包括：

①与建筑物内部相连通的建筑构件。

②骑楼、过街楼底层的开放公共空间和建筑物通道（见图 7.15）。

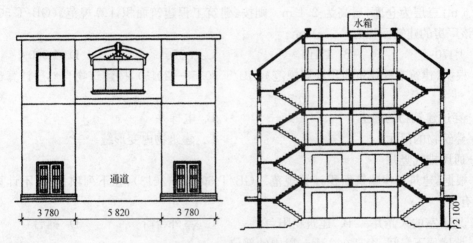

图 7.15 带建筑通道的建筑（mm）

③舞台及后台悬挂幕布和布景的天桥、挑台等。

④露台、露天游泳池、花架、屋顶的水箱及装饰性结构构件。

⑤建筑物内的操作平台（见图 7.16）、上料平台、安装箱和罐体的平台。

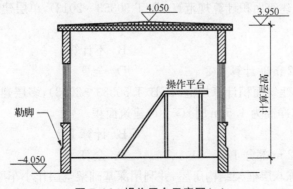

图 7.16 操作平台示意图（m）

⑥勒脚、附墙柱、垛、台阶、墙面抹灰。装饰面、镶贴块料面层、装饰性幕墙,主体结构外的空调外机的空调室外机搁板(箱)、构件、配件,挑出高度在 2.10 m 以下的无柱雨棚和顶盖高度达到或超过两个楼层的无柱雨棚。

⑦窗台与室内地面高差在 0.45 m 以下且结构净高在 2.10 m 以下的凸(飘)窗,窗台与室内地面高差在 0.45 m 及以上的凸(飘)窗。

⑧室外爬梯,室外专用消防钢楼梯;无围护结构的观光电梯。

⑨建筑物以外的地下人防通道,独立的烟囱、烟道、地沟、油(水)罐、气柜、水塔、贮油(水)池、贮仓、栈桥等构筑物。

思考与练习

1. 简述计算建筑面积的作用。

2. 某单层工业厂房,其外墙勒脚以上结构外围水平投影面积为 1 350 m²。厂房内分隔出部分楼层,其首层为办公室,外墙结构外围水平面积为 80 m²,层高为 2.8 m;二层为休息室,层高为 2.6 m;三层为仓库,层高为 2.1 m。则按《建筑工程建筑面积计算规范》(GB/T 50353—2013),该厂房的建筑面积为(   ) m²。

A. 1 470   B. 1 510   C. 1 550   D. 1 590

3. 根据《建筑工程建筑面积计算规范》(GB/T 50353—2013),按建筑物自然层计算建筑面积的有   （   ）

A. 穿过建筑物的通道   B. 电梯井

C. 建筑物的门厅   D. 建筑物内变形缝

E. 通风排气竖井

4. 根据《建筑工程建筑面积计算规范》(GB/T 50353—2013),在下列项目中,不计算建筑面积的有   （   ）

A. 地下室的采光井   B. 建筑物阳台   C. 室外台阶   D. 露台

E. 坡屋顶下空间,净高在 2.1 m 以内的部位

5. 根据《建筑工程建筑面积计算规范》(GB/T 50353—2013),骑楼建筑的底层通道按(   )建筑面积。

A. 全部计算   B. 不计算

C. 计算一半   D. 其宽度大于 1.5 m 时计算一半

6. 根据《建筑工程建筑面积计算规范》(GB/T 50353—2013),单层建筑物高度不足 2.20 m 者,(   )建筑面积。

A. 计算 1/2   B. 不计算

C. 但高度大于 1.2 m 时计算 1/2   D. 全算

7. 根据《建筑工程建筑面积计算规范》(GB/T 50353—2013),多层建筑坡屋顶内和场馆看台下,当设计加以利用,净高为 1.5 m 时,(   )建筑面积。

A. 不计算   B. 计算 1/2

C. 仅计算超过 1.2 m 部分 1/2   D. 全算

8. 某建筑物为一栋八层框架结构房屋,并利用深基础架空层作小车库,层高为 2.1 m,外围水平面积为 774.20 m²;第一层层高为 6.0 m,外墙墙厚为 240 mm,外墙轴线尺寸为 15 m×

50 m;第 1 层至第 5 层外围面积均为 765.66 m²;第 6 层至第 8 层外墙的轴线尺寸为 6 m×50 m;除第 1 层外,其他各层的层高均为 2.8 m;在第 5 层至第 7 层设有室外楼梯,室外楼梯每层水平投影面积为 15 m²。第 1 层设有前后雨棚,前雨棚为带柱雨篷,雨篷顶盖水平投影面积为 40.5 m²。后雨棚为无柱雨棚,雨棚挑出宽度 1.8 m,结构板水平投影面积为 25 m²。试计算该建筑物的建筑面积。

9. 计算如图 7.17 所示建筑物的建筑面积。

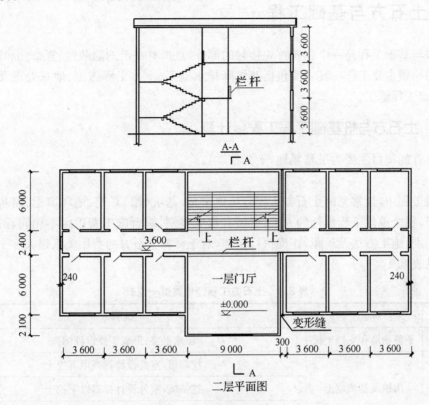

图 7.17 某建筑物(mm)

8 分部分项工程定额计量

8.1 土石方与基础工程

土石方与基础工程是一个建筑首先接触的部分,且具有一定的隐蔽性、复杂性和困难性,是影响造价的一项主要工作。其主要包括基坑降排水施工、土方工程施工、地基处理及边坡支护施工、桩基础工程施工。

8.1.1 土石方与桩基础工程工程量计算

本节计算的项目主要为平整场地,土方挖、填、运。

1)概述

在建筑工程中,最常见的土石方工程有场地平整、基坑(槽)开挖、地坪填土、路基填筑及基坑回填土等,每个单位工程消耗的人工、机械有很大差别,综合施工费用也不相同,所以正确区分土石方类别、施工方法及运距,正确执行定额,对于计算土石方的费用关系很大。土石方工程造价类型见表 8.1。

表 8.1 土石方工程造价类型一览表

序号	类型	说明
1	平整场地和支挡土板	场地平整,形成室外设计标高
2	沟槽及基坑填土	挖沟槽,室外设计标高以下挖土
		挖基坑,室外设计标高以下挖土
		挖土方,室外设计标高以下挖土
3	土方回填	基础回填
		房心回填
4	土方运输	余土外运或者亏土内运

注:计算工程量时,首先要确定土壤类别和是否需要放坡、留工作面等问题。

高层建筑中,桩基础应用广泛。按照施工方式可分为预制桩和灌注桩。预制桩时通过打桩机将预制的钢筋混凝土桩打入地下。预制桩的优点是材料省,强度高,适用于较高要求的建筑;其缺点是施工难度高,受机械数量限制,施工时间长。灌注桩,首先在施工场地上钻孔,当达到所需深度后将钢筋放入浇筑混凝土。灌注桩的优点是施工难度低,尤其是人工挖孔桩,可以不受机械数量的限制,所有桩基同时进行施工,大大节省时间;其缺点是承载力低。

2)土石方工程综合技能案例

(1)平整场地工程量计算

①计算规则

平整场地工程量按实际平整面积,以 m² 为单位计算。工程量计算方法是按建筑物外墙外

边线每边各加 2 m,以 m² 为单位面积计算。其计算公式为:

$$S_{平整场地}=S_底+2\times L_外+16$$

式中:$S_{平整场地}$ 为平整场地工程量;

$S_底$ 为建筑物底层建筑面积;

$L_外$ 为建筑物外墙外边线周长。

②有关说明

平整场地系指厚度在 ±300 mm 以内的就地挖、填、找平;竖向布置进行挖、填土方时,不再计算平整场地项目。

【例 8-1】如图 8.1 所示,计算平整场地工程量。

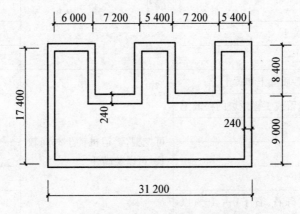

图 8.1 计算平整场地工程量建筑平面图(mm)

【解】平整场地工程量=[(31.2+0.24)×(17.4+0.24)−2×8.4×(7.2−0.24)]+2×[(31.2+0.24)×2+(17.4+0.24)×2+4×8.4]+16=717.19 m²

(2)挖沟槽和基坑工程量计算

①挖土方类型划分。

如图 8.2 所示,首先要解决挖沟槽、基坑、土方划分:对于人工土石方,凡图示槽底宽(不含加宽工作面)在 5 m 以内,且槽底长大于底宽三倍以上者,执行沟槽项目;凡图示坑底面积(不含加宽工作面)在 50 m² 以内,且长边小于短边三倍者,执行基坑项目;除上述规定外执行平基项目。对于机械土石方,凡图示槽底宽(不含加宽工作面)在 7 m 以内,且槽底长大于底宽三倍以上者,执行沟槽项目;凡图示坑底面积(不含加宽工作面)在 150 m² 以内,且长边小于短边三倍者,执行基坑项目;除上述规定外执行平基项目。

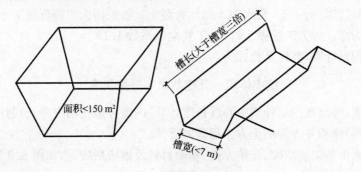

图 8.2 沟槽和基坑示意图

划分土方类型后再确定土壤类别。土壤分类以地勘资料表 8.2 来确定。

表 8.2 土壤分类一览表

土壤类别	名称	现场鉴别方法	天然含水量时平均表现密度（kg/m³）
一类	1. 砂	用锹，少许用脚蹬可挖掘，铲运机铲土时间短，容易满斗	1 500
	2. 黏质砂土		1 600
	3. 种植土		1 200
	4. 冲积砂土层		1 650
	5. 泥炭		600
二类	1. 砂质黏土和黄土		1 600
	2. 轻盐土和碱土		1 600
三类	1. 中等密实的砂质黏土和黄土	可挖掘，铲运机铲土时间较长，可以装满斗	1 800
	2. 含有碎石、卵石或工程垃圾的松散土		1 900
	3. 压实填筑土		1 900
	4. 黏土		1 900
	5. 轻微胶结的砂		1 700
	6. 天然湿度含砾石、石子（占 15％以内）等杂质黄土		1 800
四类	1. 坚硬重质黏土	全部用镐挖掘，少许需用撬棍松。铲运时间长，装不满斗，有时需用助铲或松土机	1 950
	2. 板状黄土和黏土		2 000
	3. 密实硬化后的重盐土		1 800
	4. 高岭土、干燥变硬的观音土		1 500
	5. 松散风化的片岩、砂岩或软页岩		2 000
	6. 含有碎石、卵石（30％以内）中等密实的黏性土或黄土		1 950
	7. 天然级配砂		1 950

再次判断是干土还是湿土：干、湿土的划分以地下常水位进行划分，常水位以上为干土、以下为湿土；含水率≤25％为干土，含水率＞25％为湿土。如采用人工降低地下水位时，干湿土的划分仍以常水位为准。如人工挖湿土时，人工费乘以系数 1.18。

②挖沟槽工程量计算，其计算公式为：

$$挖土体积＝开挖断面×开挖长度$$

挖沟槽的长度，外墙按图示外墙中心线长度计算；内墙按地槽槽底净长线计算，内外突出部分（垛、附墙烟囱等）体积并入沟槽土方工程量内计算。

沟槽开挖断面由基础底宽度、开挖方式、基础材料及做法所决定，如图 8.3 所示。通常有以下几种情况：

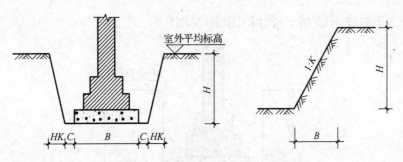

图8.3　沟槽开挖断面放坡示意图

a. 情况一：放坡留工作面，其计算公式为：

$$开挖断面=(B+2C+HK)\times H$$

式中：B——垫层宽度，一般在图纸中反映；

C——工作面宽度，查表8.3可得；

K——放坡系数，查表8.4可得；

H——开挖深度，室外地面到垫层底部，一般在图纸中反映。

放坡的坡度以放坡宽度与挖土深度之比表示，即 $K=B/H$，坡度通常以 $1：K$ 来表示，显然，$1：K=H：B$。

表8.3　基础施工所需工作面宽度计算表

建筑工程		构筑物	
基础材料	每侧工作面宽度（m）	无防潮层（m）	有防潮层（m）
砖	0.20		
浆砌条石、块（片）石	0.15	0.4	0.6
混凝土垫层或基础支模板者	0.3		
垂面做防水防潮层	0.8		

表8.4　放坡系数表

人工开挖土方	机械开挖土方		放坡起点深度（m）
土方	在沟槽、坑底	在沟槽、坑边	土方
1：0.3	1：0.25	1：0.67	1.5

b. 情况二：双面支挡土板留工作面（见图8.4）。

挖沟槽、基坑需支挡土板时，其宽度按图示沟槽、基坑底宽，挡土板厚度为 10 cm，按实际情况确定单边支或双边支。可边坡支护方式和挡土板支护方式相结合。如果双边支护挡土板，断面面积为：

$$开挖断面=(B+2C+0.2)\times H$$

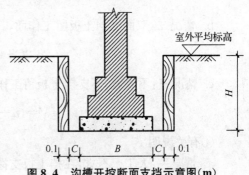

图8.4　沟槽开挖断面支挡示意图（m）

开挖断面＝$B+2C+0.2$

c. 情况三：不放坡、不支挡土板、留工作面(见图8.5)。

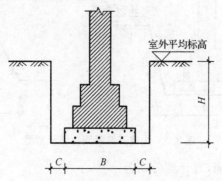

图8.5 沟槽开挖断面示意图

当采用原槽浇筑时，开挖断面底宽等于垫层宽。

当采用基础垫层支模板浇筑时，必须留工作面。其计算公式为：

$$开挖断面底宽=B+2C$$
$$开挖断面=(B+2C)×H$$

③挖基坑工程量计算规则

基坑开挖后为四棱台(见图8.6)或者是长方体。四棱台的体积公式为：

$$V=H/3(S_1+S_2+S_3)$$

式中：S_1 为上底面积；S_2 为下底面积；S_3 为中截面面积；H 为棱台高。

a. 情况一：放坡留工作面，其计算公式为：

$$V=(a+2C+KH)×(b+2C+KH)×H+1/3×K^2×H^3$$

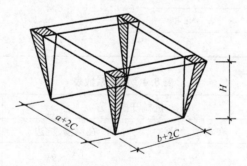

图8.6 基坑开挖示意图

b. 情况二：双面支挡土板留工作面，其计算公式为：

$$V=(a+2C+0.2)×(b+2C+0.2)×H$$

c. 情况三：不放坡、不支挡土板留工作面，其计算公式为：

$$V=(a+2C)×(b+2C)×H$$

④有关说明

a. 情况一：人工土石方，在挡土板支撑下挖土方，按相应定额子目人工乘以系数1.43。

b. 情况二：人工平基挖土石方项目是按深度1.5 m以内编制的，深度超过1.5 m时，按表

8.5 增加工日。

表 8.5　深度超过 1.5 m 时增加的工日　　　　单位:100 m³

类别	深 2 m 以内	深 4 m 以内	深 6 m 以内
土方	2.63	14.71	26.72
石方	3.10	17.35	31.51

注:深度在 6 m 以上时,在原有深 6 m 以内增加工日基础上,土方深度每增加 1 m,增加 6.01 工日/100 m³,石方深度每增加 1 m,增加 7.08 工日/100 m³;其增加用工的深度以主要出土方向的深度为准。

c. 情况三:人工挖基坑、沟槽土方,深度超过 8 m 时,其超过部分按 8 m 相应子目乘以系数 1.20,超过 10 m 时,其超过部分按 8 m 相应子目乘以系数 1.5。人工凿沟槽、基坑石方,深度超过 6 m 时,其超过部分按 6 m 相应子目乘以系数 1.40;深度超过 8 m 时,其超过部分按 6 m 相应子目乘以系数 1.6。

d. 情况四:人工挖孔桩挖土石方项目未考虑边排水边施工的工效损失,如遇边排水边施工时,抽水机台班和排水用工按实签证,挖孔人工按相应挖孔桩土方子目人工乘以系数 1.3,石方子目人工乘以系数 1.2。

e. 情况五:人工挖孔桩挖土方如遇流砂、淤泥,应根据双方签证的实际数量,按相应深度土方子目乘以系数 1.5。

f. 情况六:机械运输淤泥、流砂时,按相应机械运输土方子目乘以系数 1.4。

g. 情况七:机械打眼爆破沟槽、基坑石方项目是按深度 2 m 编制的,深度在 4 m 以内人工乘以系数 1.3,深度在 6 m 以内人工乘以系数 1.5,深度在 8 m 以内人工乘以系数 1.6,深度超过 8 m 时人工乘以系数 1.8。

h. 情况八:机械挖沟槽(坑)土方、石方项目是按深度 4 m 内综合编制的。超过 4 m 时,另编补充定额。

i. 情况九:机械挖土的土层平均厚度小于 300 mm 时,其相应子目的机械乘以系数 1.2。

j. 情况十:机械不能施工的部分(如死角等),应按设计或施工组织设计规定计算,如无规定时,按表 8.6 计算。

表 8.6　机械不能施工的部分土石方工程量计算表

挖土石方工程量(m³)	1 万以内	5 万以内	10 万以内	50 万以内	100 万以内	100 万以上
占挖土石方工程量(%)	8	5	3	2	1	0.6

注:上表所列工程量系指一个独立的施工组织设计所规定范围的挖方总量。

机械不能施工的土石方部分(如死角等),按相应的人工挖土子目乘以系数 1.5;人工凿石子目乘以系数 1.2。

k. 情况十一:机械碾压回填土,是以密实度达到 85%～90% 编制的。如设计密实度为 90%～95% 时,按相应机械回填碾压土石子目乘以系数 1.4;如设计密实度超过 95% 时,按相应机械回填碾压土石子目乘以系数 1.6。回填土压实项目中,已综合了所需的水和洒水车台班及人工。

l. 情况十二:机械在垫板上作业时,按相应子目人工和机械乘以系数 1.25,搭拆垫板的人工、材料和辅助机械费用按实计算。

【例 8 – 2】如图 8.7 所示,土质为三类土,有垫层,人工挖土,求其工程量。

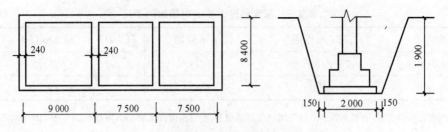

图 8.7　某建筑平面图及基槽剖面图(mm)

【解】$H=1.9\text{ m}>1.5\text{ m}$,需要放坡,查表得 $K=0.3$,$C=0.15\text{ m}$

基槽截面积:$(B+2C+KH)H=(2+0.15\times2+0.3\times1.9)\times1.9=5.45\text{ m}^2$

槽长:$(9+7.5+7.5)\times2+8.4\times2+[8.4-(2+0.15\times2)]\times2=77\text{ m}$

挖基槽体积 $V=5.45\times77=419.65\text{ m}^3$

【例 8 – 3】挖方形基坑如图 8.8 所示,工作面宽度 150 mm,四类土,人工挖土,求其工程量。

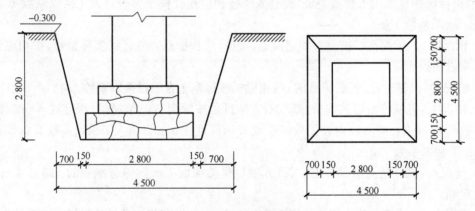

图 8.8　某基坑平面及剖面图(mm)

【解】$H=2.8\text{ m}>1.5\text{ m}$,需要放坡,查表得 $K=0.3$,$C=0.15\text{ m}$

挖基坑体积 $V=(2.8+0.15\times2+0.3\times2.8)\times(2.8+0.15\times2+0.3\times2.8)\times2.8+1/3\times$
$0.3^2\times2.8^3=44.12\text{ m}^3$

(3)土方回填工程量计算

①计算规则

a. 室内回填:按主墙(厚度在 120 mm 以上的墙)之间的净面积乘以回填土厚度计算,不扣除间隔墙,即 h_1 高度区域,如图 8.9 所示,其计算公式为:

$$室内回填体积＝墙与墙间净面积×回填土厚度$$

b. 基础回填:按挖方工程量减去自然地坪以下埋设基础体积(包括基础垫层及其他构筑物)计算,即 h 高度(abcd)区域,其计算公式为:

$$槽、坑回填体积＝挖方体积－埋设的构件体积$$

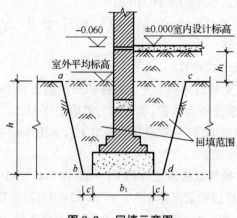

图 8.9　回填示意图

②有关说明

土方体积均以挖掘前的天然密实体积为准计算。如需折算时,可按表 8.7 所列系数换算。

表 8.7　土方体积折算表

松方体积	天然密实体积	夯实后体积	松填体积
1.00	0.77	0.67	0.83
1.30	1.00	0.87	1.08
1.50	1.15	1.00	1.25
1.20	0.92	0.80	1.00

【例 8-4】如图 8.10 所示,已知室外设计地坪以下各工程量:垫层体积 2.4 m³,基础体积 25 m³。试求该建筑物基础回填土、房心回填土。图中尺寸均以 mm 计。放坡系数 $K=0.33$,工作面宽度 $C=300$ mm。

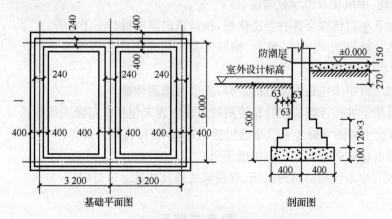

图 8.10　某建筑物基础的平面图、剖面图(mm)

【解】挖沟槽:截面积 $=(0.8+0.3\times2+0.33\times1.5)\times1.5=2.84$ m²

槽长 $=6\times2+6.4\times2+[6-(0.4+0.3)\times2]=29.4$ m

挖沟槽体积 $=2.84\times29.4=83.50$ m³

基础回填土＝83.50－(2.4＋25)＝56.10 m³

房心回填土＝[(3.2－0.24)×(6－0.24)×2]×0.27＝9.21 m³

（4）土方运输工程量计算

余土或取土工程量可按下式计算：

$$余土外运体积＝挖土总体积－回填土总体积$$

式中：计算结果为正值时为余土外运体积，负值时为需取土体积。

【例 8－5】例 8－4 基础回填后（不考虑其他回填土），采用 4 m³/车的运土车，问该工程需外运土还是内运土，需运多少车土？

【解】挖方体积：天然土换算成松散土体积 V_1＝83.50×1.3＝108.55 m³

回填方体积：回填土换算成松散土体积 V_2＝(56.10＋9.17)×1.5＝97.91 m³

因为 V_1－V_2＝108.55－97.91＝10.64 m³>0，所以为余土外运。

需车数＝10.64÷4＝2.66 车≈3 车

（5）桩基础工程工程量计算

①计算规则

a. 机械钻孔灌注混凝土桩工程量按设计桩长以延长米计算，若同一钻孔内有土层和岩层时，应分别计算。

b. 混凝土护壁工程量按设计断面周边增加 20 mm，以 m³ 计算。

c. 砖砌挖孔桩护壁按实际体积以 m³ 计算。

d. 人工挖孔灌注桩桩芯混凝土：无护壁的工程量按单根设计桩长另加 250 mm 乘以设计断面积（周边增加 20 mm）以 m³ 计算；有护壁的工程量按单根设计桩长另加 250 mm 乘以设计断面积以 m³ 计算。凿桩不另行计算。

e. 钻孔灌注混凝土桩的泥浆运输工程量按实际体积以 m³ 计算。

② 有关说明

a. 定额项目中所指"土层"包括：原生土层、砂（泥）夹卵石和回填土中夹有碎（卵）石层；"岩层"包括：强风化、中风化及微风化岩层。

b. 钻机钻孔项目已综合各种类型机械，执行该定额项目时不予换算。

c. 钻机钻孔时，若出现垮塌、流砂、钢筋混凝土块无法成孔等施工情况而采取的各项施工措施所发生的费用，按实计算。

d. 桩基础项目中未包括泥浆池的工料，发生时按实计算。

e. 灌注混凝土桩进行载荷试验及检测的工作内容未包括在定额项目内。

f. 灌注混凝土桩的混凝土充盈量已包括在定额项目内，不另计算。

g. 人工挖孔桩砖井圈执行砖砌护壁子目。

h. 本章项目中未包括钻机进出场、废泥浆处理及外运运输费用。

思考与练习

1. 某单层房屋如图 8.11 所示，场地土为二类土质，机械开挖，不支挡土板，地面垫层 150 mm，找平层 20 mm，面层 30 mm，采用人工填土、机械装土，自卸式汽车运土，运距为 3 km，已知室外地坪以下的基础和基础垫层体积总和 V 为 31.53 m³，计算土方工程量。

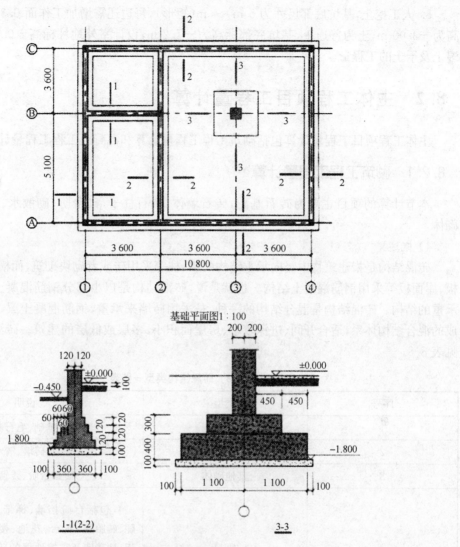

基础平面图1:100

1-1(2-2)　　　　3-3

图 8.11　某单层房屋基础平面图(mm)

2. 如图 8.12 所示,图中轴线为墙中,墙体为普通黏土实心一砖墙,室外地面标高为－0.2 m,室外地坪以下埋设的基础体积为 22.23 m³。求该基础挖地槽、回填土的工程量(三类干土,考虑放坡)。

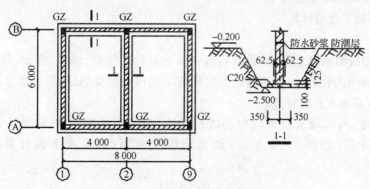

图 8.12　某建筑物的基础图(mm)

3. 人工挖土,基坑底部尺寸为 5 m×4 m(矩形),每边还需增加工作面 0.3 m,地下水位标高为－3.00 m,土为普通土,基坑底部标高为－7.2 m,设计室外地坪标高－0.6 m。试计算挖湿土及干土的工程量。

8.2　主体工程项目工程量计算

主体工程项目工程量计算包括砌筑工程工程量计算和混凝土工程工程量计算。

8.2.1　砌筑工程工程量计算

本节计算的项目主要为砖石基础,砖石墙体、砖石柱子,砌台阶、砌散水、明沟、砌零星等砌体。

1)概述

砖混结构是指建筑物中竖向承重结构的墙、柱等采用砖或者砌块砌筑,而横向承重的梁、楼板、屋面板等采用钢筋混凝土结构。也就是说,砖混结构是以小部分钢筋混凝土及大部分砖墙承重的结构。砖混结构是混合结构的一种,是采用砖墙来承重,钢筋混凝土梁、柱、板等构件构成的混合结构体系,适合开间、进深较小、房屋面积小,多层或低层的建筑。砖混结构类型划分见表8.8。

表8.8　砖混结构类型一览表

序号	类型	说明
1	砖石基础	砖基础、毛石基础
2	砖墙、砖柱	混水砖墙、清水墙
3	其他砌体	砖砌台阶、砖砌散水
4	零星	包括台阶挡墙、梯带、厕所蹲台、池槽腿、砖胎膜、花台、花池、楼梯栏板、阳台栏板、地袭墙及支撑地楞的砖蹲,0.3 m² 以内的空洞填塞、小便槽、灯箱、垃圾箱、房上烟囱及毛石墙的门窗立边、窗台虎头砖等等

2)砌筑工程技能综合案例

(1)砖石基础工程量计算

①计算规则

a. 砖石基础按图示尺寸以 m³ 计算。嵌入砖石基础的钢筋、铁件、管子、基础防潮层、单个面积在 0.3 m² 以内的孔洞,以及砖基础大放脚的 T 型接头重复部分,均不扣除。附墙垛基础突出部分体积并入基础工程量计算。

b. 基础长度:外墙墙基按外墙中心线长度计算;内墙墙基:按内墙净长计算;石砌基础按内墙基净长计算,如图 8.13 所示;如为台阶式断面时,可按下式计算其基础的平均宽度:

$$B = A/H$$

式中:B——基础断面平均宽度 (m);

A——基础断面积（m²）；

H——基础深度（m）。

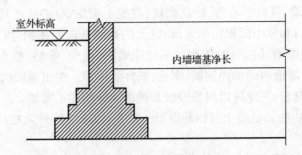

图 8.13　某内墙墙基示意图

②有关说明

a. 基础和墙体的划分标准：

• 砖基础与墙、柱以防潮层为界，无防潮层者以室内地坪为界。

• 毛条石、块（片）石基础与墙身的划分：内墙以设计室内地坪为界；外墙以设计室外地坪为界。

• 毛条石、块（片）石基础、勒脚、墙身的划分：毛条石、块（片）石基础与勒脚以设计室外地坪为界；勒脚与墙身以设计室内地坪为界。

• 围墙基础与墙身的划分：石围墙内外地坪标高不同时，以其较低标高为界，以下为基础，内外标高之差为挡土墙，挡土墙以上为墙身。

b. 砌体子目中砌筑砂浆强度等级为 M5.0，设计要求不同时可以换算。

【例 8 - 5】某砖基础平面图及详图如图 8.14 所示，采用 M5.0 混合砂浆和多孔砖 240 mm×115 mm×90 mm 砖砌筑基础，计算该工程工程量。

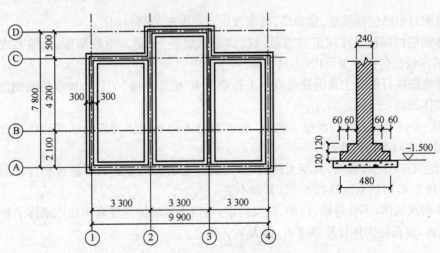

图 8.14　某砖基础平面图及详图(mm)

【解】外墙中心线：$(9.9+7.8)\times 2=35.4$ m

内墙基线：$(2.1+4.2-0.24)\times 2=12.12$ m

基础体积：$(35.4+12.12)\times[0.48\times 0.12+0.36\times 0.12+0.24\times(1.5-0.24)]=19.16$ m³

（2）砖石墙体工程量计算

①计算规则

a. 不同厚度的砖墙、页岩空心砖、轻质砌块、混凝土砌块、空心砖块均以 m^3 计算。应扣除过人洞、空圈、门窗洞口和单个面积在 $0.3~m^2$ 以上的孔洞所占的体积，以及嵌入墙内的钢筋混凝土柱、梁（包括过梁、圈梁、挑梁）的体积。不扣除梁头、板头、梁垫、檩木、垫木、木楞头、沿椽木、木砖、门窗走头、砖墙面内的加固钢筋、木筋、铁件等体积。突出墙面的窗台虎头砖、压顶线、山墙泛水、烟囱根、门窗套、三皮砖以内的腰线和挑檐等体积亦不增加。

砖柱以 m^3 计算，应扣除混凝土或钢筋混凝土梁垫，但不扣除伸入柱内的梁头、板头所占的体积。

b. 墙体长度：外墙按外墙中心线长度计算；内墙按内墙净长计算。

c. 墙身高度按图示尺寸计算。如设计图纸无规定时，可按下列规定计算：

• 外墙高度，按图示尺寸计算，如设计图纸无规定时，有屋架的斜屋面，且室内外均有天棚者，算至屋架下弦底再加 200 mm；无天棚者算至屋架下弦再加 300 mm（如出檐宽度超过 600 mm 时，应按实砌高度计算）；平屋面算至钢筋混凝土顶板面。

• 内墙高度，位于屋架下弦者，其高度算至屋架下底，无屋架者算至天棚底再加 100 mm，有钢筋混凝土楼隔层算至钢筋混凝土楼板顶面。60 mm 和 120 mm 砖厚内墙高度按实砌高度（如同一墙上板高不同时，可按平均高度）计算。

• 山墙按图示尺寸计算。

• 女儿墙高度，自屋面板上表面算至图示高度，按砖墙项目以 m^3 计算。

②有关说明

a. 砌体子目中砌筑砂浆强度等级为 M5.0，设计要求不同时可以换算。

b. 除已列出弧形砌筑子目外，其他砌筑子目如遇弧形时，弧形部分可按相应子目人工乘以系数 1.2。

c. 砌墙项目中已包括腰线、窗台线、挑檐线以及门窗框的调整用工。

d. 砌体钢筋加固按设计规定的重量，执行"砌体加筋"子目。钢筋制作、运输和安放的用工，以及钢筋损耗已包括在项目内，不另计算。

e. 砌体植筋执行混凝土及钢筋混凝土工程章节中"植筋连接"子目。植筋用的钢筋另行计算，执行"砌体加筋"子目。

f. 页岩空心砖、空心砌块、混凝土砌块、加气混凝土砌块墙体所需的标准砖已综合在子目内，实际用量不同时不得换算。

g. 页岩空心砖、空心砌块、混凝土砌块、加气混凝土砌块的零星工程量按相应定额子目人工费乘以系数 1.4，材料乘以系数 1.05，其余不变。

h. 各种砌筑墙体，不分外墙、内墙、框架间墙，均按不同墙体厚度套用相应墙体子目。

i. 标准砖、多孔砖砌体计算厚度表，如表 8.9 所示。

表 8.9　标准砖、多孔砖砌体计算厚度表

设计厚度（mm）	60	100	120	180	200	240	370
计算厚度（mm）	53	95	115	180	200	240	365

【例 8-6】某砖墙平面图和立面图如图 8.15 所示,采用 M5.0 混合砂浆和 240 mm×115 mm×90 mm 多孔砖砌筑,墙厚 240 mm,层高 3.6 m,顶部设置圈梁,梁高 180 mm,采用钢筋混凝土过梁,高 120 mm,每边伸入支座 250 mm,女儿墙顶部设置压顶,高位 200 mm,门窗尺寸为 C1518:1 500 mm×1 800 mm、M0921:900 mm×2 100 mm、M1021:1 000 mm×2 100 mm。计算该墙体工程量。

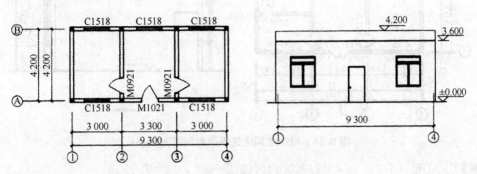

图 8.15 某砖墙平面和立面图(mm)

【解】标准砖规格为 240 mm×115 mm×53 mm,多孔砖规格为 240 mm×115 mm×90 mm、240 mm×180 mm×90 mm,某砌体计算厚度均按表 8.9 计算。

外墙中心线:$(9.3+4.2)×2=27.00$ m

内墙基线:$(4.2-0.24)×2=7.92$ m

砖体积:$(27+7.92)×0.24×3.6=30.17$ m³

扣门:$1×2.1×0.24+0.9×2.1×0.24×2=1.41$ m³

扣窗:$1.5×1.8×0.24×5=3.24$ m³

扣 GZ=8:$(0.24×0.24+0.24×0.03×2)×3.6×8=2.07$ m³

扣圈梁:$0.24×0.18×(27+7.92)=1.51$ m³

扣过梁:M1021=1:$0.24×0.12×(1+0.25×2)=0.04$ m³

　　　　M0921=2:$0.24×0.12×(0.9+0.25×2)×2=0.08$ m³

　　　　C1518=5:$0.24×0.12×(1.5+0.25×2)×5=0.29$ m³

女儿墙:$0.24×(0.6-0.2)×27.00=2.59$ m³

汇总:工程量=$30.17-1.41-3.24-2.07-1.51-0.04-0.08-0.29+2.59=24.94$ m³

(3) 钢筋混凝土框架间墙体工程量计算

钢筋混凝土框架间墙,按框架间的净空面积乘以墙厚计算。

【例 8-7】某框架结构建筑平面和剖面图如图 8.16 所示,框架柱为 400 mm×400 mm,采用 M5.0 混合砂浆和 240 mm×115 mm×90 mm 多孔砖砌筑,墙厚 240 mm,层高 3 200 mm。采用钢筋混凝土过梁,高 120 mm,每边伸入支座 250 mm,女儿墙顶部设置压顶,高为 100 mm,门窗尺寸为 C1518:1 500 mm×1800 mm、M0921:900 mm×2 100 mm、M1524:1 500 mm×2 400 mm,屋面板厚为 100 mm。所有墙体上均有框架梁,梁高 500 mm。计算该墙体工程量。

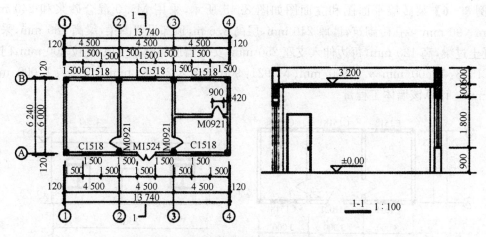

图 8.16　框架结构建筑平面和剖面图（mm）

【解】①、④轴：$(6.24-0.4×2)×0.24×(3.2-0.5)×2=7.05$ m³

②、③轴＝2：$(6.24-0.4×2)×0.24×(3.2-0.1)×2=8.09$ m³

扣 M0921＝2：$0.24×0.9×2.1×2=0.19$ m³

扣过梁 M0921＝2：$0.24×0.12×(0.9+0.25×2)×2=0.08$ m³

②、③轴小计：$7.05-0.91-0.08=6.06$ m³

A 轴：$(13.74-0.4×4)×0.24×(3.2-0.5)=7.87$ m³

扣 M1524＝1：$0.24×1.5×2.4=0.86$ m³

扣 C1518＝2：$0.24×1.5×1.8×2=1.30$ m³

扣过梁 M1524＝1：$0.24×0.12×(1.5+0.25×2)=0.06$ m³

C1518＝2：$0.24×0.12×(1.5+0.25×2)×2=0.12$ m³

A 轴小计：$8.09-0.86-1.30-0.06-0.12=5.75$ m³

B 轴：$(13.74-0.4×4)×0.24×(3.2-0.5)=7.87$ m³

扣 C1518＝3：$0.24×1.5×1.8×3=1.94$ m³

扣过梁 C1518＝3：$0.24×0.12×(1.5+0.25×2)×3=0.17$ m³

B 轴小计：$7.87-1.94-0.17=5.76$ m³

③、④轴：$(4.5-0.24)×0.24×(3.2-0.1)=3.17$ m³

扣 M0921＝1：$0.24×0.9×2.1=0.45$ m³

扣过梁 M0921＝2：$0.24×0.12×(0.9+0.25×2)×2=0.04$ m³

③、④轴小计：$3.17-0.45-0.04=2.68$ m³

女儿墙：$0.24×(0.6-0.1)×(13.74-0.24+6)×2=4.68$ m³

汇总：工程量＝$7.05+5.53+5.76+6.06+2.68=27.08$ m³

（4）其他砌体工程量计算

①计算规则

a. 通风井、管道井按其外形体积计算，并入所依附的墙体工程量内，不扣除每一孔洞横断面积在 0.1 m² 以内的体积，并且孔洞的抹灰工料也不增加；如每一孔洞横断面积超过 0.1 m² 时，应扣除孔洞所占的体积，孔洞内的抹灰应另列项目计算。

b. 砖砌沟道不分墙基与墙身，其工程量合并计算。

c. 砖砌台阶(不包括梯带)按水平投影面积计算,如图 8.17 所示。

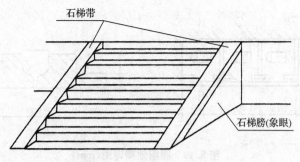

图 8.17 砖砌台阶示意图

d. 零星砌体按图示尺寸,以 m^3 计算。

e. 墙面加浆勾缝按墙面垂直投影面积以 m^2 计算,应扣除墙裙的抹灰面积,不扣除门窗洞口面积、抹灰腰线、门窗套所占面积,但附墙垛和门窗洞口侧壁的勾缝面积亦不增加。

f. 成品烟道按图示尺寸以延长米计算,风口、风帽的工程量不另计。

g. 轻质隔墙板安装按图示尺寸以 m^2 计算。

②有关说明

a. 砖砌台阶子目内不包括基础、垫层和填充部分的工料,需要时应分别计算工程量执行相应子目。

b. 轻质隔墙如设计使用钢骨架时,钢骨架执行金属结构墙架子目。

(5) 零星砌体工程量计算

①计算规则

零星砌体工程量按图示尺寸,以 m^3 计算。

②有关说明

零星砌体子目适用于砖砌小便池槽、厕所蹲台、水槽腿、垃圾箱、台阶、梯带、阳台栏杆(栏板)、花台、花池、屋顶烟囱、污水斗、锅台、架空隔热板砖墩,以及石墙的门窗立边、钢筋砖过梁、砖平碹或单个体积在 0.3 m^3 以内的砌体。

【例 8-8】如图 8.18 所示为台阶挡墙详图,计算该台阶挡墙工程量。

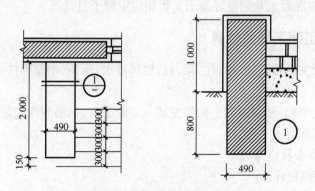

图 8.18 台阶挡墙详图(mm)

【解】工程量 $= 2 \times 1.8 \times 0.49 = 1.76 \ m^3$

【例8-9】如图8.19所示为厕所池槽详图,计算该厕所池槽的工程量。

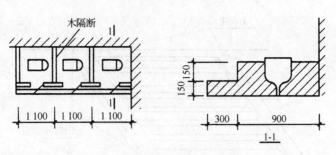

图8.19　厕所池槽详图(mm)

【解】工程量＝3.3×(0.3×0.15＋0.9×0.3)＝1.04 m³

(6)围墙工程量计算

①计算规则

a.围墙砌体按图示尺寸以 m³ 计算,围墙砖垛及砖压顶并入墙体体积内计算。围墙高度算至压顶上表面(如有混凝土压顶时算至压顶下表面)。

b.挡土墙和护坡砌体均按图示尺寸以 m³ 计算,不扣除嵌入砌体的钢筋、铁件以及单个面积在 0.3 m² 以内的孔洞体积。

②有关说明

围墙基础与墙身的划分:石围墙内外地坪标高不同时,以其较低标高为界,以下为基础,内外标高之差为挡土墙,挡土墙以上为墙身。

(7)垫层工程量计算

①计算规则

垫层按设计图示面积乘以设计厚度,以 m³ 计算,应扣除凸出地面的建筑物、设备基础、室内管道、地沟等所占体积,不扣除间壁墙和单个 0.3 m² 以内的柱、垛、附墙烟囱及孔洞所占体积。

②有关说明

a.定额垫层均不包括基层下原土打夯。如需打夯者,按土(石)方工程相应定额子目计算。

b.混凝土垫层按混凝土及钢筋混凝土工程相应定额子目计算。

8.2.2　混凝土工程工程量计算

本节计算的项目主要为基础、墙、柱、梁、板、楼梯散水、压顶、小型构件。

1)概述

本节包括混凝土工程、预制混凝土构件安装及运输工程、钢筋制作安装工程,适用于建筑工程中的混凝土及钢筋混凝土工程。

2)混凝土工程综合技能案例

(1)基础结构工程量计算

①计算规则

基础垫层及各类基础按图示尺寸计算。

a.无梁式满堂基础,其倒转的柱头(帽)并入基础计算,肋形满堂基础的梁、板合并计算。

b. 箱式基础，应分别按满堂基础(底板)、柱、墙、梁、板(顶板)相应项目计算。

c. 框架式设备基础，应分别按基础、柱、梁、板相应项目计算。

d. 混凝土杯形基础的杯颈部分的高度大于其长边的三倍者，按高杯基础项目计算。

f. 有肋带形基础，肋高与肋宽之比在 5∶1 以上时，其肋部分按墙项目计算。

g. 计算混凝土承台工程量时，不扣除浇入承台的桩头体积。

②有关说明

a. 基础混凝土厚度在 300 mm 以内的执行基础垫层项目，厚度在 300 mm 以上的按相应的基础项目执行。

b. 基础梁适用于无底模的基础梁，有底模的基础梁执行混凝土和钢筋混凝土工程章节中相应的梁项目。

c. 基础桩外露部分混凝土模板按混凝土和钢筋混凝土工程章节中相应柱模板子目乘以系数 0.85。

【例 8-10】计算如图 8.20 所示的 C30 钢筋砼条形基础的工程量，墙厚 240 mm。

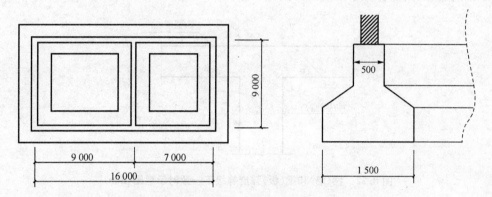

图 8.20　有梁式带肋形基础平面及剖面图(mm)

【解】确定基础长度：

$L_外=(16+9)×2=50$ m；$L_内=9-1.5=7.5$ m

$L=L_外+L_内=57.5$ m

确定截面积：

$S=1.5×0.3+0.5×0.3+1/2×0.15×(0.5+1.5)$

$=0.75$ m²

确定接头体积：

$B=1.5;b=0.5;H=0.3;h=0.15;l=(1.5-0.5)/2$

则 $V_接=b×l×H+(B+2b)/6×l×h$

$=0.5×0.5×0.3+1/6×(1.5+2×0.5)×0.5×0.15$

$=0.106\ 3$ m³

确定基础工程量：

$V=S×L+V_接×2=0.75×57.5+0.106\ 3×2=43.34$ m³

(2)墙体工程量计算

①计算规则

混凝土墙按设计中心线长度乘以墙高并扣除单个孔洞面积大于 0.3 m² 以上的体积以 m³

计算。

a. 与混凝土墙同厚的暗柱(梁)并入混凝土墙体积计算。

b. 墙垛与突出部分并入墙体工程量内计算。

②有关说明

a. 凸出混凝土墙的柱,凸出部分如大于或等于墙厚的 1.5 倍者,其凸出部分执行现浇柱项目。如图 8.21 所示。

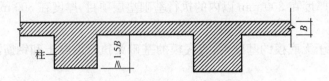

图 8.21　凸出混凝土墙的柱

b. 柱(墙)和梁(板)强度等级不一致时,有设计的按设计计算,无设计的按柱(墙)边 300 mm距离加 45°角计算。如图 8.22 所示。

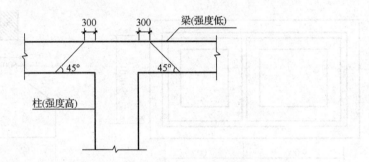

图 8.22　柱(墙)和梁(板)强度等级不一致时示意图(mm)

【例 8 - 11】如图 8.23、图 8.24 所示为某墙柱平面图,试计算本层 C20 墙体工程量。

剪力墙墙柱表			
截面			
编号	YDZ - 1	YDZ - 2	KZ - 1	KZ - 2
标高	43.570～46.570	43.570～46.570	43.570～46.570	43.570～46.570
纵筋	12Φ16	16Φ16	8Φ16	8Φ16
箍筋	Φ8@120	Φ8@120	Φ8@100	Φ8@100

剪力墙身表					
编号	标高	墙厚	水平分布筋	垂直分布筋	拉筋
Q-1(2排)	43.570~46.570	200	φ10@200	φ10@200	φ6@400×400
Q-2(2排)	43.570~46.570	200	φ10@200	φ10@200	φ6@400×400

剪力墙连梁表(注:H为各楼层结构面标高)								
编号	所在楼层标高	梁顶标高	梁截面 b×H	上部纵筋	下部纵筋	箍筋	两侧腰筋	备注
LL-1	46.570~ 46.570	梁顶标高为 H	200×600	3⏀18	3⏀18	φ8@100(2)	G2 12	门洞 1 700 ×3 100

图 8.23 某墙柱平面图(一)(mm)

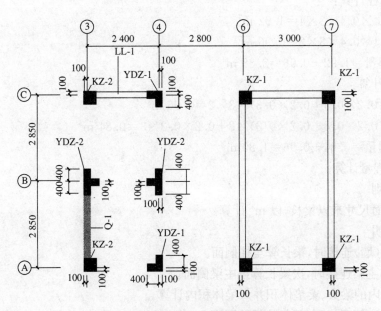

43.570~46.570墙柱平面布置图

图 8.24 某墙柱平面图(二)(mm)

【解】由于 YDZ-2 凸出部分 300 mm=1.5×200 mm,因此此部分执行现浇柱项目:

$Q-1$:(2.85+0.4-0.3)×3×0.2=1.77 m³

(3) 柱子工程量计算

① 计算规则

按设计断面尺寸乘以柱高以 m³ 计算。

② 有关说明

a. 柱高的计算规定,如图 8.25 所示:

• 有梁板的柱高,应以柱基上表面(或梁板上表面)至上一层楼板上表面高度计算。

• 无梁板的柱高,应以柱基上表面(或梁板上表面)至柱帽下表面高度计算。

• 有楼隔层的柱高,应以柱基上表面至梁上表面高度计算。

• 无楼隔层的柱高,应以柱基上表面至柱顶高度计算。

b. 附属于柱的牛腿,并入柱身体积内计算。

c. 构造柱(抗震柱)应包括"马牙槎"的体积在内,以 m³ 计算。

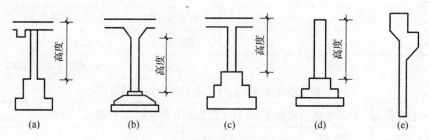

(a)　　　　(b)　　　　(c)　　　　(d)　　　　(e)

图 8.25　柱子高度取值示意图

【例 8‑12】如图 8.24 所示,混凝土强度等级为 C20,计算该柱子工程量。

【解】矩形柱计算:

KZ‑1:0.4×0.4×3×4=1.92 m³

KZ‑2:0.4×0.4×3×2=0.96 m³

汇总:工程量=1.92+0.96=2.88 m³

多边形柱计算:

YDZ‑1:(0.2×0.5+0.2×0.3)×3×2=0.96 m³

YDZ‑2:(0.2×0.8+0.2×0.3)×3+0.2×0.3×3=0.84 m³

汇总:工程量=0.84+0.96=1.80 m³

(4) 梁工程量计算

①计算规则

按设计断面尺寸乘以梁长,以 m³ 计算。

②有关说明

a. 梁与柱(墙)连接时,梁长算至柱侧面。

b. 次梁与主梁连接时,次梁长算至主梁侧面。

c. 伸入墙内的梁头、梁垫体积并入梁体积内计算。

d. 梁的高度算至梁顶,不扣除板的厚度。

(5) 板工程量计算

①计算规则

按设计面积乘以板厚,以 m³ 计算。

②有关说明

a. 有梁板系指梁(包括主梁、次梁,圈梁除外)、板构成整体,其梁、板体积合并计算。

b. 无梁板系指不带梁(圈梁除外)直接用柱支撑的板,其柱头(帽)的体积并入楼板内计算。

c. 平板系指无梁(圈梁除外)直接由墙支撑的板。

d. 伸入墙内的板头并入板体积内计算。

e. 现浇挑檐天沟与板(包括屋面板、楼板)连接时,以外墙外边线为分界线;与圈梁(包括其他梁)连接时,以梁外边线为分界线,边线以外为挑檐天沟。

f. 现浇框架梁和现浇板连接在一起时按有梁板计算。

g. 挑出墙外宽度大于 500 mm 的线(角)、板(包含空调板、阳光窗、雨篷)执行悬挑板项目。

h. 三面挑出墙外的挑阳台执行悬挑板项目,其余阳台并入有梁板工程量计算。

i. 悬挑板的厚度是按 100 mm 编制的,厚度不同时按实调整。

j. 现浇混凝土斜梁、板(有梁板)坡度大于 15°时,混凝土按相应子目人工乘以系数 1.25,模板按相应项目乘以系数 1.30。双面支模的斜梁、板(有梁板)模板按相应子目乘以系数 1.60。

k. 如图 8.26 所示,现浇有梁板中梁的混凝土强度与现浇板不一致,应分别计算梁、板工程量。现浇梁工程量乘以系数 1.06,现浇板工程量应扣除现浇梁所增加的工程量,执行相应有梁板项目。

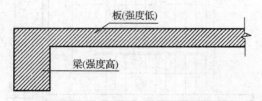

图 8.26 现浇有梁板中梁的混凝土强度与现浇板不一致示意图

【例 8－13】 如图 8.27 所示,计算 C30 现浇砼有梁板,墙为 240 mm 厚,计算该有梁板的工程量。

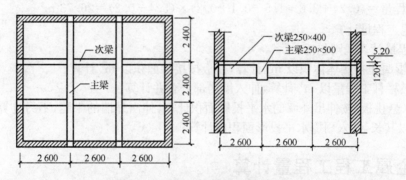

图 8.27 某层厂房结构平面图(mm)

【解】 主梁工程量:$V=0.25\times(0.5-0.12)\times(2.4\times3)\times2=1.368$ m³

次梁工程量:$V=0.2\times(0.4-0.12)\times(2.6\times3-0.25\times2)\times2=0.817\ 6$ m³

板工程量:$V_{板}=(2.6\times3)\times(2.4\times3)\times0.12=6.739\ 2$ m³

总工程量:$V=V_{板}+V_{梁}=6.739\ 2+(1.368+0.817\ 6)=8.924\ 8$ m³

(6) 楼梯工程量计算

①计算规则

a. 整体楼梯(包括休息平台、平台梁、斜梁及楼梯的连接梁)按水平投影面积计算,不扣除宽度小于 500 mm 的楼梯井,伸入墙内部分亦不增加。当整体楼梯与现浇楼层板无梯梁连接时,以楼梯的最后一个踏步边缘加 300 mm 为界。

b. 弧形楼梯(包括休息平台、平台梁、斜梁及楼梯的连接梁)以水平投影面积计算。

②有关说明

a. 弧形楼梯的折算厚度为 160 mm;直形楼梯的折算厚度为 200 mm。设计折算厚度不同时,执行相应增减子目。

b. 弧形楼梯适用于螺旋楼梯和艺术楼梯。

【例 8－14】 如图 8.28 所示为某楼梯平面图,楼梯混凝土强度等级为 C20,楼梯板厚 100 mm,梯梁宽为 200 mm,计算该楼梯工程量。

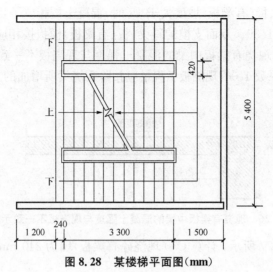

图 8.28 某楼梯平面图(mm)

【解】工程量=(0.24+3.3+1.5-0.1+0.2)×(5.4-0.2)=26.73 m³

(7) 其他工程量计算

其他工程量计算规则包括:

a. 台阶混凝土按实体体积以 m³ 计算,模板按接触面积以 m² 计算。

b. 栏板、栏杆工程量以 m³ 计算,伸入墙内部分合并计算。

c. 雨篷(悬挑板)按伸出外墙的水平投影面积计算,伸出外墙的牛腿,不另计算。雨篷的反边按其高乘以其长,并入雨篷水平投影面积内计算。

8.3 金属工程工程量计算

本节计算的项目主要为钢屋架、钢柱、钢梁、钢楼板和墙板、钢墙架、钢挡风架、钢檩条、钢支撑、其他构件等。

8.3.1 概述

钢结构是以钢材制作为主的结构,是主要的建筑结构类型之一,它是由型钢和钢板等制成的钢梁、钢柱、钢桁架等构件,各构件或部件之间采用焊缝、螺栓或柳钉连接。

钢结构的施工一般分为构件制作、构件运输、构件安装、刷油四个阶段。

8.3.2 钢结构工程综合技能案例

1) 钢构件制作工程量计算

(1) 计算规则

①金属结构的制作工程量按理论重量以吨计算。型钢按设计图纸的规格尺寸计算(不扣除孔眼、切肢、切边的重量)。钢板按几何图形的外接矩形计算(不扣除孔眼重量)。

②计算钢柱制作工程量时,依附于柱上的牛腿及悬臂梁的主材重量,应并入柱身主材重量内。

③计算钢墙架制作工程量时,应包括墙架柱、墙架梁及连系拉杆主材重量。

④实腹柱、吊车梁、H 型钢的腹板及翼板宽度按图示尺寸每边增加 25 mm 计算。计算钢漏斗制作量时,依附漏斗的型钢并入漏斗工程量内。

⑤喷砂除锈按金属结构的制作工程量以吨计算。抛光除锈按金属结构的面积以平方米计算。工程量按表 8.10 进行换算。

表 8.10　金属面工程量系数表

项目名称	系 数	工程量计算方法
钢屋架、天窗架、挡风架、屋架梁、支撑、檩条	38.00	
墙架(空腹式)	19.00	
墙架(格板式)	31.16	
钢柱、吊车梁、花式梁、柱、空花构件	23.94	
操作台、走台、制动梁、钢梁车挡	26.98	重量(t)
钢栅栏门、栏杆、窗栅	64.98	
钢爬梯	44.84	
轻型屋架	53.96	
踏步式钢扶梯	39.90	
零星铁件	50.16	

⑥钢屋架、托架制作平台摊销工程量按钢屋架、托架工程量计算。

(2) 有关说明

①构件制作项目中,均包括除锈刷一遍防锈漆工料。除锈按手工除锈编制,除锈方式不一致时,允许调整。每吨扣除手工除锈用工 3.4 工日。

②加工铁件(自制门闩、门轴、垃圾道门等)及其他零星钢构件,执行零星钢构件子目。

③钢栏杆仅适用于工业厂房平台、操作台的栏杆,民用建筑钢栏杆执行楼地面工程章节中相应子目。

④金属构件中阳台晒衣架、钢垃圾倾倒斗制作及安装,混凝土柱上的钢牛腿制作及安装执行零星钢构件项目。

⑤钢结构安装项目中所列的垫铁,实际施工用量与定额不同时,不允许调整。

2) 钢构件运输、安装工程量计算

(1) 计算规则

钢构件的运输、安装工程量等于制作工程量以吨计算,不增加焊条或螺栓重量。

(2) 有关说明

①构件运输按表 8.11 分类。

表 8.11　构件运输分类表

类别	项　　　目
Ⅰ	钢柱、屋架、托架梁、防风桁架
Ⅱ	吊车梁、制动梁、型钢檩条、钢支撑、上下挡、钢拉杆、栏杆、盖板、垃圾出灰门、倒灰门、篦子、爬梯、零星构件、平台、操纵台、走道休息台、扶梯、钢吊车梯台、烟囱紧固箍
Ⅲ	墙架、挡风架、天窗架、组合檩条、轻型屋架、滚动支座、悬挂支架、管道支架

②执行钢构件运输子目时,单构件长度大于 14 m 的,根据设计和施工组织设计按实计算。

③建筑物的钢构件拼装、安装所需搭设的脚手架,已包括在综合脚手架内,不另计算。

④钢屋架、天窗架、钢网架安装子目中,不包括拼装工序,如需拼装时,执行拼装子目。拼装台的材料摊销已包括在拼装子目内,不另计算。

⑤钢屋架单榀重量在1 t以下者,按轻型屋架项目计算。

⑥定额中未包括钢构件拼装和安装所需的连接螺栓。

⑦钢网架安装子目是按分体吊装编制的,若使用整体安装时,可另行补充。

思考与练习

1. 如图 8.29 所示为单层框架结构,用 M5.0 混合砂浆和加气混凝土块砌筑砖墙,厚度为 240 mm,压顶断面为 240 mm×60 mm,框架柱断面为 240 mm×240 mm,框架梁截面为240 mm× 500 mm,门窗动口上均采用现浇钢筋混凝土过梁,断面为 240 mm×180 mm,M1:1 560 mm× 2 700 mm,C1:1 800 mm×1 800 mm,C2:1 560 mm×1 800 mm。计算墙体的工程量。

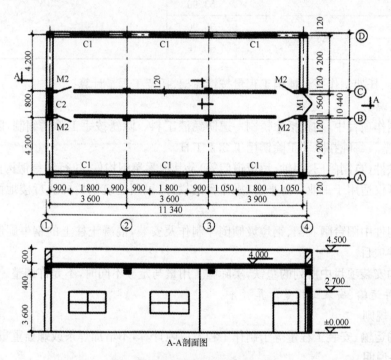

图 8.29　某单层框架结构图(mm)

2. 计算如图 8.30 所示条形基础混凝土的工程量。

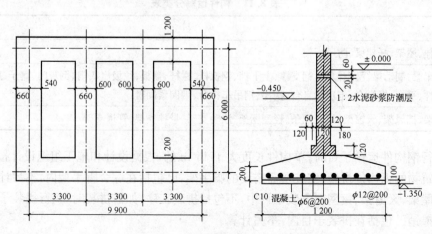

图 8.30　某条形基础结构图(mm)

8.4 屋面工程项目工程量计算

屋面是房屋最上部起覆盖作用的外围构件,用来抵抗风雪的侵袭等自然灾害的影响,屋面的作用主要是防水、保温、隔热。屋面按照外形的不同可分为坡屋顶、平屋顶、曲面屋顶。坡屋顶是指坡度在10%以上的屋顶,平屋顶是指坡度在10%以下的屋顶。

8.4.1 瓦、型材屋面工程工程量计算

本节计算的项目主要为瓦屋面、彩钢板及压型板屋面,以及卷材、涂膜及刚性屋面。

1) 概述

坡屋面构造与平屋面有很大区别,构造层次由屋顶天棚、承重结构层和屋面面层组成。屋面面层一般采用挂瓦形式和彩钢瓦屋面。

2) 屋面工程技能综合案例

(1) 瓦屋面、彩钢板及压型板屋面(计算规则)

瓦屋面、彩钢板及压型板屋面均按设计图示尺寸以斜面积计算。亦可按屋面水平投影面积乘以屋面坡度系数(见表8.12)以面积计算。不扣除房上烟囱、风帽底座、风道、屋面小气窗、斜沟等所占面积,屋面小气窗的出檐部分亦不增加面积。

表 8.12 屋面坡度系数表

坡度			延尺系数 C	隔延尺系数 D
$B(A=1)$	$B/2A$	角度(θ)	($A=1$)	($A=1$)
1	1/2	45°	1.4142	1.7321
0.75		36°52′	1.2500	1.6008
0.70		35°	1.2207	1.5779
0.666	1/3	33°40′	1.2015	1.5620
0.65		33°01′	1.1926	1.5564
0.60		30°58′	1.1662	1.5362
0.577		30°	1.1547	1.5270
0.55		28°49′	1.1413	1.5170
0.50	1/4	26°34′	1.1180	1.5000
0.45		24°14′	1.0966	1.4839
0.40	1/5	21°48′	1.0770	1.4697
0.35		19°17′	1.0594	1.4569
0.30		16°42′	1.0440	1.4457
0.25		14°02′	1.0308	1.4362
0.20	1/10	11°19′	1.0198	1.4283
0.15		8°32′	1.0112	1.4221

（续表）

坡度			延尺系数 C (A=1)	隔延尺系数 D (A=1)
B(A=1)	B/2A	角度(θ)		
0.125		7°8′	1.0078	1.4191
0.100	1/20	5°42′	1.0050	1.4177
0.083		4°45′	1.0035	1.4166
0.066	1/30	3°49′	1.0022	1.4157

注:1. 两坡排水屋面面积为屋面水平投影面积乘以延尺系数 C;

2. 四坡排水屋面斜脊长度=A×D(当 S=A 时);

3. 沿山墙泛水长度=A×C。

（2）有关说明

①瓦屋面的屋脊和瓦出线均已包括在项目内,不另计算。

②大波、中波、小波石棉瓦屋面均执行石棉瓦项目。石棉瓦规格与项目选取的定额不同时,瓦材耗量允许调整,其他不变。

③玻璃钢瓦屋面铺在混凝土檩子上,执行铺在钢檩上子目。

④屋面彩瓦项目中彩瓦按无搭接编制,如设计要求搭接时,彩瓦耗量允许调整,人工乘以系数 1.2,砂浆乘以系数 1.1,其他不变。

⑤彩钢板是按 750 mm 宽编制的,如宽度不同时,板材允许调整,其他不变。

【例 8-15】某四坡屋面如图 8.31 所示,铺西班牙瓦,设计屋面坡度为 0.5(θ=26°34′),坡度比例为 1/4。试利用坡度系数计算屋面斜面积。

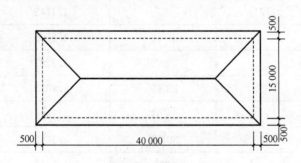

图 8.31 某四坡屋面平面图（mm）

【解】屋面斜面积:(40+1)×(15+1)×1.118=733.41 m²

8.4.2 防水、防潮工程工程量计算

本节计算的项目主要为墙地面防水、防潮工程。

1）概述

在建筑中主要的防水位置为屋面和地面,如卫生间等,根据材料和施工工艺的不同,又可分为卷材防水和涂膜防水。卷材防水具体使用的材料有三大类:一类是聚合物改性沥青防水卷材;一类是合成分子防水卷材;一类是石油沥青玛帝脂卷材。而刚性屋面在新施工规范中规定不可以用作防水,只能作为保护材料。涂膜防水所用的材料主要有两类:一类是聚合物改性沥青防水涂料;一类是合成分子防水涂料。

2) 防水、防潮工程综合技能案例

（1）屋面防水工程量计算

①计算规则

a. 建筑物地面防水、防潮层，按主墙间净空面积计算，扣除凸出地面的构筑物、设备基础等所占的面积，不扣除柱、垛、间壁墙、烟囱及单个面积在 $0.3\ m^2$ 以内孔洞所占的面积。与墙面连接处上卷高度在 500 mm 以内者按展开面积并入平面防水防潮层计算，超过 500 mm 时，按立面防水防潮层计算。

b. 建筑物墙基的防水、防潮层，其外墙长度按中心线，内墙按净长乘墙宽，以平方米计算。

c. 构筑物及建筑物地下室防潮层，按设计展开面积以平方米计算，但不扣除单个面积在 $0.3\ m^2$ 以内的孔洞所占面积。

②有关说明

a. 本章防水、防潮层适用于墙基、墙身、楼地面、厨卫、构筑物等防水、防潮工程。

b. 防水卷材附加层、接缝、收头、冷底子油的工料已包括在项目内，不另计算。

【例 8-16】如图 8.32 所示，试计算二毡三油玛帝脂卷材地面防水工程量。

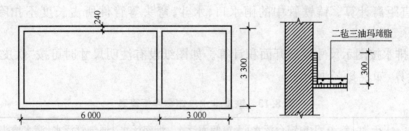

图 8.32　某地面工程防水图（mm）

【解】水平：$(6-0.24)\times(3.3-0.24)+(3-0.24)\times(3.3-0.24)=26.07\ m^2$

泛水：$(6-0.24+3.3-0.24)\times2\times0.3+(3-0.24+3.3-0.24)\times2\times0.3=8.78\ m^2$

汇总：工程量 $=26.07+8.78=34.85\ m^2$

【例 8-17】如图 8.33 所示，墙厚 240 mm，采用 1:2 水泥砂浆防潮，计算墙基防潮工程量。

【解】外墙基长：$(9.3+6.3)\times2=31.20\ m$

内墙基长：$(4.2-0.24)\times2=7.92\ m$

工程量 $=(31.2+7.92)\times0.24=9.39\ m^2$

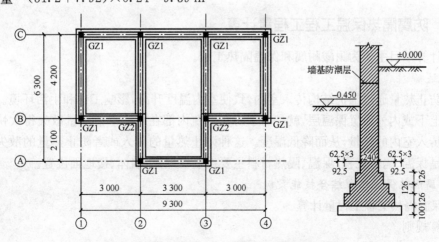

图 8.33　某墙基防潮平面图及剖面示意图（mm）

(2) 变形缝工程量计算

①计算规则

变形缝按设计图示尺寸以延长米计算。

②有关说明

a. 变形缝适用于基础、墙面、屋面等部位,包括温度缝、沉降缝、抗震缝。

b. 填缝:建筑油膏断面为 30 mm×20 mm。如设计断面不同时,用料允许换算,人工不变。

c. 盖缝:如设计断面不同时,用料允许换算,人工不变。

d. 止水带:紫铜板止水带为 2 mm 厚,展开宽 450 mm;钢板止水带为 2 mm 厚,展开宽 450 mm;氯丁橡胶宽 300 mm;橡胶、塑料止水带为 150 mm×30 mm。如设计断面不同时,用料允许换算,人工不变。

e. 当采用金属止水环时,执行混凝土和钢筋混凝土章节中预埋铁件制作安装项目。

(3) 屋面排水

①计算规则

a. 铸铁、塑料水落管按图示尺寸以延长米计算,如设计未标注尺寸,以檐口至设计室外散水上表面垂直距离计算。铸铁管中的雨水口、水斗、弯头等管件所占长度不扣除,管件按个计算。

b. 铁皮排水按图示尺寸以展开面积计算。如图纸没有注明尺寸时可按"铁皮排水单体零件折算表"计算,如表 8.13 所示。

表 8.13　铁皮排水单体零件折算表

项目名称	天沟	斜沟、天窗窗台泛水	天窗侧面泛水	烟囱泛水	通气管泛水	滴水檐头泛水	滴水
折算面积(m²/m)	1.30	0.50	0.70	0.80	0.22	0.24	0.11

c. 阳台、空调连通水落管按套计算。

②有关说明

a. 铁皮排水项目中的铁皮咬口、卷边、搭接的工料,均已包括在项目内,不另计算。

b. 塑料水斗、塑料弯管已综合在塑料水落管项目内,不另计算。

c. 高层建筑使用 PVC 塑料消音管执行塑料管项目。

d. 阳台、空调连通水落管执行塑料水落管项目。

8.4.3 防腐隔热保温工程工程量计算

本节计算项目主要为耐酸耐腐和保温隔热工程。

1) 概述

为了防止热量通过围护结构传入室内,致使室内温度升高,影响工作和生活环境。所以,在围护结构上下或内外设置保温层,就是为了防止建筑内部在寒冷季节热量散失得太快,在炎热季节减少传入室内的热量,从而降低温度。这种防止热量的传入或者防止热量的散失,所采取的措施就是保温、隔热工程,保温、隔热材料主要设置在屋面、墙体、楼地面位置。

2) 防腐隔热保温工程综合技能案例

(1) 保温隔热工程工程量计算

①计算规则

a. 保温隔热层应区分不同保温隔热材料(除另有规定者外),按设计图示尺寸以立方米计算。

b. 保温隔热层的厚度按隔热材料(不包括胶结材料)以净厚度计算。

c. 地面隔热层(除另有规定者外)按围护结构墙体间净面积乘以设计厚度以立方米计算,不扣除柱、垛所占的体积。

d. 墙体隔热层,外墙按隔热层中心线、内墙按隔热层净长乘以设计图示尺寸的高度及厚度以立方米计算。应扣除冷藏门洞和管道穿墙洞口所占的体积。

e. 柱包隔热层(除另有规定者外)按图示柱的隔热层中心线的展开长度乘以图示尺寸高度及厚度以立方米计算。

f. 屋面聚苯保温板、保温砂浆(胶粉聚苯颗粒)按设计图示尺寸以平方米计算,不扣除单个面积在 0.3 m^2 以内的孔洞所占面积。

g. 外墙面保温层(含界面砂浆、胶粉聚苯颗粒、网格布或钢丝网、抗裂砂浆)按设计图示尺寸以平方米计算,应扣除门窗洞口、空圈和单个面积在 0.3 m^2 以上的孔洞所占面积。门窗洞口、空圈的侧壁、顶(底)面和墙垛设计要求做保温时,并入墙保温工程量内。

h. 其他保温隔热:

• 池槽隔热按设计图示尺寸以立方米计算。其中池壁按墙体相应子目计算,池底按地面相应子目计算。

• 门洞口侧壁周围的隔热部分(除另有规定者外),按设计图示隔热层尺寸以立方米计算,并入墙面的保温隔热工程量内。

• 柱帽保温隔热层按设计图示保温隔热层体积并入天棚保温隔热层工程量内。

②有关说明

a. 保温层的保温材料配合比,如设计规定与项目不同时,可以调整。

b. 本章节工程只包括保温隔热材料的铺(黏)贴、抹面,不包括隔气防潮、保护层或衬墙砌筑等。

c. 玻璃棉、矿渣棉包装材料和人工均已包括在项目内,不另计算。

d. 墙体铺贴块体材料,已包括基层涂沥青一遍。

e. 圆(弧)形外墙面保温层,按外墙面保温层中相应子目人工乘以系数 1.15。

【例 8-18】某工程 SBS 改性沥青卷材防水屋面平面图如图 8.34 所示。自屋面钢筋混凝土结构层由下而上的做法为:①钢筋混凝土板上用1:6水泥焦渣(保温层)找坡,坡度为2%,最薄处60 mm;②保温隔热层上做 1:3 水泥砂浆找平层并往女儿墙反边 300 mm;③在找平层上刷冷底子油,加热烤铺,贴 3 mm 厚 SBS 改性沥青防水卷材一道(反边 300 mm);④在防水卷材上抹 20 mm 厚1:2.5 水泥砂浆找平层(反边 300 mm)。不考虑嵌缝,砂浆为中砂拌和,未列项目不补充。

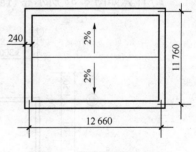

图 8.34 屋面平面图(mm)

【解】①屋面保温:

定额工程量 $V = S \times d$(平均厚度)$= 143.08 \times 0.12 = 17.17 \text{ m}^3$

其中:$S = (12.66 - 0.24) \times (11.76 - 0.24) = 143.08 \text{ m}^2$

d(平均厚度)$= 0.06 + 1/4 \times (11.76 - 0.24) \times 2\% = 0.06 + 0.06 = 0.12 \text{ m}$

②屋面卷材防水:

a. 3 mm 厚 SBS 改性沥青卷材防水加热烤铺:

$S = (12.66 - 0.24) \times (11.76 - 0.24) + [(12.66 - 0.24) + (11.76 - 0.24)] \times 2 \times 0.3 =$

$143.08+14.36=157.44 \ m^2$。

b. 钢筋混凝土板面水泥焦渣层上 1:3 水泥砂浆找平层厚 20 mm：

$S=(12.66-0.24)\times(11.76-0.24)+[(12.66-0.24)+(11.76-0.24)]\times2\times0.3=$
$143.08+14.36=157.44 \ m^2$

c. 防水卷材上抹 20 mm 厚 1:2.5 水泥砂浆找平层：

$S=(12.66-0.24)\times(11.76-0.24)+[(12.66-0.24)+(11.76-0.24)]\times2\times0.3=$
$143.08+14.36=157.44 \ m^2$

（2）耐酸、防腐工程工程量计算

①计算规则

a. 防腐工程应区分不同防腐材料种类及其厚度，按设计图示尺寸以平方米或立方米计算。

b. 踢脚板按设计图示尺寸（长度乘以高度）以平方米计算，应扣除门洞所占面积，并相应增加门洞侧壁的面积。

c. 平面砌筑双层耐酸块料时，按单层面积乘以系数 2。

d. 防腐卷材接缝、附加层、收头等的工料，已包括在项目内，不另计算。

②有关说明

a. 整体面层、隔离层适用于平面、立面和池、坑、槽的防腐耐酸工程。

b. 各种砂浆、胶泥、混凝土材料的种类、配合比、各种整体面层的厚度、块料面层的规格、结合层砂浆及胶泥的厚度，如设计规定与项目不同时，可以调整。

c. 本章各种面层（除软聚氯乙烯塑料地面外）均不包括踢脚板的工料消耗。若设计有整体面层踢脚板时，按整体面层相应子目执行，人工乘以系数 1.6，其余不变。

d. 本章铺砌块料面层项目是以平面编制的，铺砌立面时按平面相应子目，人工乘以系数 1.38，踢脚板人工乘以系数 1.56，其余不变。

思考与练习

1. 计算如图 8.35 所示卷材防水工程量。

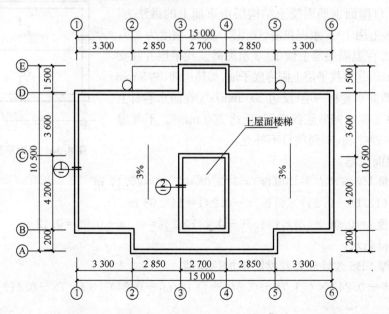

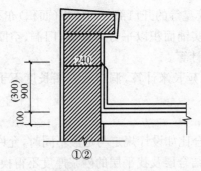

图 8.35　某建筑屋面图与详图（mm）

2. 计算如图 8.36 所示层面保温工程量，最薄处 30 mm 厚。

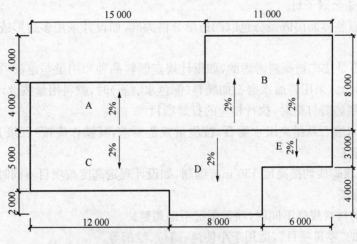

图 8.36　某建筑屋面图（mm）

8.5　装饰装修工程项目工程量计算

装饰装修工程项目一般是指外装修和内装修。外装修指外墙面和门头位置的装修；内装修一般指地面、顶棚、内墙、踢脚线等几个方面。除此之外还包括门窗工程。

8.5.1　楼地面工程工程量计算

本节计算的项目主要为整体面层、块料面层、楼梯面层、台阶面层、零星面层、踢脚面层。

1）概述

楼地面是底层地面和楼层地面的总称，楼地面有承载上部荷载、装饰房间等作用，一般由面层、结合层（找平层）、防水（潮）层、垫层组成。

2）楼地面工程综合技能案例

（1）垫层、找平层、面层、踢脚线工程量计算

①计算规则

a. 楼地面垫层按室内主墙间净空面积乘以设计厚度以立方米计算；找平层、整体面层按主墙间净空面积以平方米计算。以上均应扣除凸出地面的构筑物、设备基础、室内铁道、地沟等所占的体积（面积），但不扣除柱、垛、间壁墙、附墙烟囱及面积在 0.3 m² 以内孔洞所占的体积（面

积），而门洞、空圈、暖气包槽、壁龛等的开口部分的体积（面积）亦不增加。

b. 块料面层，按图示尺寸实铺面积以平方米计算，门洞、空圈、暖气包槽、壁龛等的开口部分的工程量并入相应的面层内计算。

c. 踢脚线按主墙间净长以延长米计算，洞口及空圈长度不予扣除，但洞口、空圈、垛、附墙烟囱等侧壁长度亦不增加。

②有关说明

a. 整体面层、找平层的配合比如设计规定与定额不同时，允许换算。

b. 整体面层、块料面层的结合层及找平层的砂浆厚度不得换算。

c. 水泥砂浆整体面层增减厚度执行水泥砂浆找平层每增减 5 mm 子目。

d. 水磨石整体面层如用金属嵌条时，应取消项目中玻璃消耗量，金属嵌条用量按设计要求计算，执行相应嵌条金属子目。

e. 彩色水磨石整体面层嵌条分色以四边形分格为准，如设计采用多边形或美术图案时，人工乘以系数 1.2。

f. 彩色水磨石是按矿物颜料考虑的，如设计规定颜料品种和用量与定额项目不同时，允许调整（颜料损耗 3%）。采用普通水磨石加颜料（深色水磨石）时，颜料用量按设计要求计算。

g. 水磨石面层如需打蜡时，执行相应的打蜡项目。

h. 彩色镜面水磨石系指高级水磨石，按质量规范要求，其操作应按"五浆五磨"进行研磨，七道"抛光"工序施工。

i. 整体面层、踢脚线均按高度 150 mm 编制，如设计规定高度与项目不同时，定额项目按高度比例进行增减调整。

j. 块料面层的材料规格不同时，项目用量不得调整。

k. 块料面层的"零星项目"，适用于小便池、蹲位、池槽等。

【例 8-19】某建筑平面如图 8.37 所示，墙厚 240 mm，若室内铺设 600 mm×75 mm×18 mm 实木地板，柚木 UV 漆板、四面企口，木龙骨 50 mm×30 mm×500 mm。试计算木地板地面的工程量。

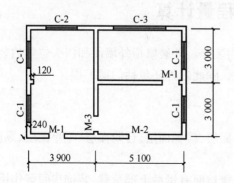

门窗表	
M-1	1 000 mm × 2 000 mm
M-2	1 200 mm × 2 000 mm
M-3	900 mm × 2 400 mm
C-1	1 500 mm × 1 500 mm
C-2	1 800 mm × 1 500 mm
C-3	3 000 mm × 1 500 mm

图 8.37 某建筑平面图（mm）

【解】木地板地面的工程量＝地面工程量＋门洞口部分的工程量：
＝ (3.9−0.24)(3+3−0.24)+(5.1−0.24)(3−0.24)×2 +(1×2+1.2+0.9)×0.24
＝47.91+0.984＝48.89 m²

（2）楼梯面层工程量计算

①计算规则

a. 楼梯面层（包括踏步、休息平台、锁口梁）按水平投影面积计算。整体面层楼梯井宽度在

500 mm 以内者，块料面层楼梯井宽度在 200 mm 以内者不予扣除。其中单跑楼梯面层水平投影面积计算如图 8.38 所示。

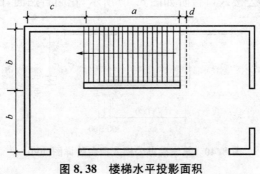

图 8.38 楼梯水平投影面积

- 计算公式：$(a+d) \times b + 2bc$。
- 当 $c > b$ 时，c 按 b 计算；当 $c \leqslant b$ 时，c 按设计尺寸计算。
- 有锁口梁时，$d =$ 锁口梁宽度；无锁口梁时，$d = 300$ mm。

b. 防滑条按楼梯踏步两端距离减 300 mm 以延长米计算。

②有关说明

a. 楼梯面层项目均不包括防滑条工料，如设计规定做防滑条时，另行计算。

b. 旋转楼梯块料面层按相应楼梯项目乘以系数 1.10。

【例 8 - 20】如图 8.39 所示中墙厚为 240 mm，墙面抹灰厚度为 25 mm 时，楼梯井宽 500 mm，求楼梯现浇水磨石面层的定额工程量。

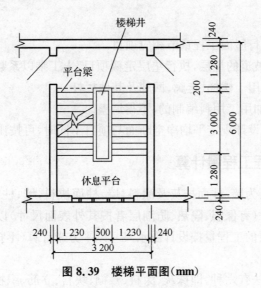

图 8.39 楼梯平面图（mm）

【解】楼梯工程量 = $(3.20 - 0.24) \times (1.28 + 3.2) - 3.2 \times 0.5$

$\qquad = (13.26 - 1.6)$

$\qquad = 11.66$ m²

（3）台阶面层工程量计算

①计算规则

台阶按水平投影面积计算，包括最上层踏步沿 300 mm。

②有关说明

台阶有出沿者，其抹灰、水磨石项目乘以系数 1.10。

【例 8–21】某学院办公楼入口台阶如图 8.40 所示，花岗石贴面，试计算其台阶工程量。

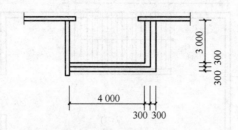

图 8.40 某学院办公楼入口台阶详图（mm）

【解】注意：两面都有台阶

工程量＝(4＋0.3×2)×(0.3×2＋0.3)＋(3.0－0.3)×(0.3×2＋0.3)

　　　　＝4.6×0.9＋2.7×0.9

　　　　＝6.57 m²

（4）其他

①计算规则

a. 散水、防滑坡道面层按水平投影面积计算。

b. 明沟及排水沟安装成品箅子按图示尺寸以延长米计算。

c. 栏杆、扶手包括弯头长度按延长米计算。

d. 弯头按个计算。

②有关说明

a. 防潮层、伸缩缝执行屋面工程章节相应项目。

b. 散水、台阶、防滑坡道的垫层，执行垫层定额项目，人工乘以系数 1.2。

c. 栏杆、扶手项目适用于楼梯、走廊、回廊及其他栏杆。

d. 扶手弯头是按增加用工用料编制的，不得调整。

e. 凿石和砖明沟，如设计规定平均净空断面与项目不同时，可按比例进行调整。

8.5.2 墙、柱面工程工程量计算

本节计算的项目主要为墙、柱面抹灰及涂料，墙、柱面块料，墙、柱面饰面。墙、柱面抹灰工程量均应按设计结构尺寸（有保温、隔热、防潮层者按其外表面尺寸）以平方米计算。镶贴块料面层和各种装饰材料面层的工程量按设计图示尺寸以平方米计算（不扣除勾缝面积）。

1）概述

墙、柱面装饰主要做法有六种，即抹灰、涂料、裱糊、块料、立筋、织物。其中抹灰可分为一般抹灰（混合砂浆、水泥砂浆等）和装饰抹灰（水刷石、干黏石、垛假石、水磨石）。涂料按照位置可分为外墙和内墙涂料。裱糊是指各种装饰性的墙纸和墙布，如 PVC 塑料墙纸、金属面墙纸、纺织物面墙纸、天然木纹面墙纸。块料是指石材（大理石、花岗岩、丰包石、文化石等）、通体砖、釉面砖、马赛克等。立筋是指利用天然木板或各种人造薄板借助于钉、胶等固定方式对墙面进行的装修处理。由于它不需要对墙面进行抹灰，所用材料质感细腻、美观大方、装饰效果好，给人以亲切的感觉。一般多用于宾馆、大型公共建筑大厅、商场等墙面。它由骨架和面板组成，骨架

材料一般为木龙骨和金属龙骨；面板材料为玻璃、铝合金装饰板、不锈钢板、铝塑板、石膏板、塑料板等。

2）墙、柱面工程综合技能案例

（1）墙面抹灰（含涂料和裱糊）工程量计算

①计算规则

a. 内墙面（内墙裙）抹灰面积，应扣除门窗洞口和空圈所占面积，不扣除踢脚板、挂镜线、单个面积在 0.3 m^2 以内的孔洞和墙与梁头交接处的面积，但门窗洞口、空圈侧壁和顶面（底面）亦不增加。墙垛（含附墙烟囱）侧壁面积与内墙抹灰工程量合并计算。

b. 内墙面抹灰的长度，以墙与墙间的图示净长计算（1/2 墙所占面积不扣除）。其高度按下列规定计算：

- 无墙裙的，其高度按室内地面或楼面至天棚底面之间距离计算。
- 有墙裙的，其高度按墙裙顶至天棚底面之间距离计算。
- 有吊顶天棚的内墙抹灰，其高度按室内地面或楼面至天棚底面另加 100 mm 计算（有设计要求的除外）。

c. 外墙面（外墙裙）抹灰面积，应扣除门窗洞口、空圈和单个面积在 0.3 m^2 以上的孔洞所占面积。门窗洞口及空圈的侧壁、顶面（底面）和墙垛（含附墙烟囱）侧壁的面积与外墙面（外墙裙）抹灰工程量合并计算。

d. 抹灰、水刷石、块料面层的"零星项目"按展开面积以平方米计算；抹灰中的"装饰线条"按延长米计算。

e. 单独的外窗台抹灰长度，如设计图纸无规定时，按窗洞口宽两边共加 200 mm 计算。

② 有关说明

a. 本章中的砂浆种类、配合比、饰面材料及型材的规格、型号，如设计规定不同时，可以调整，人工、机械不变。

b. 本章抹灰项目中抹灰是按普通抹灰编制的。若设计为高级抹灰时，按相应子目人工及机械乘以系数 1.2，材料乘以系数 1.3。

c. 本章中的抹灰、镶贴块料的基层找平抹灰，均不包括刷素水泥浆、建筑胶水泥浆、界面（处理）剂，如设计要求时，按相应子目执行。

d. 圆（弧）形墙面、圆形柱面、弧形梁面的抹灰及圆（弧）形墙面、圆（异）形柱面、弧（异）形梁面的镶贴块料面层，按相应子目人工乘以系数 1.15，材料乘以系数 1.05。

【例 8 - 22】平房内墙面抹水泥砂浆，如图 8.41 所示。试计算内墙面抹水泥砂浆工程量。

【解】内墙面抹水泥砂浆工程量：

无吊顶的房间：$[3-0.12\times2+(4-0.12\times2)]\times2\times(3+0.6)-1.5\times1.8\times2（窗）-0.9\times2（门）=39.744$ m^2

有吊顶的房间：$[(3\times2-0.12\times2)\times2+(4-0.12\times2)\times2+0.25\times4（侧壁面积）]\times(3+0.1$ 有吊顶的天棚净高度另加 100 mm$)-1.5\times1.8\times3（窗）-0.9\times2（门）-1\times2（门）=50.224$ m^2

总的内墙的抹灰的工程量$=39.744+50.224=89.97$ m^2

（2）零星墙面工程量计算

①计算规则

a. 抹灰、水刷石、块料面层的"零星项目"按展开面积以平方米计算；抹灰中的"装饰线条"按延长米计算。

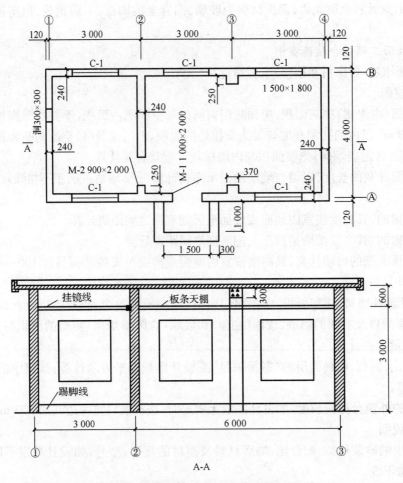

图 8.41　平房内墙面抹水泥砂浆平面图、详图(mm)

b. 单独的外窗台抹灰长度,如设计图纸无规定时,按窗洞口宽两边共加 200 mm 计算。

②有关说明

a. 抹灰中"零星项目"适用于:各种壁柜、碗柜、池槽、暖气壁龛、阳台栏板(栏杆)、雨篷线、天沟、扶手、花台、梯帮侧面及遮阳板等凸出墙面宽度在 500 mm 以内的挑板,展开宽度在 300 mm 以上的线条及单个面积在 1 m² 以内的抹灰。

b. 抹灰中"装饰线条"适用于:挑檐线、腰线、窗台线、门窗套、压顶、宣传栏的边框及展开宽度在 300 mm 以内的线条等抹灰。

【例 8 - 23】 如图 8.42 所示,该工程采用乳胶漆刷两遍,框架柱为 400 mm×400 mm,阳台柱到顶,阳台边梁规格为 200 mm×400 mm,空中花园上方梁规格为 200 mm×400 mm,板厚100 mm。计算该工程一层外墙抹 20 mm 厚 1:3 水泥砂浆工程量。

【解】 墙面工程量:100.85+5.76=106.61 m²

柱面工程量:9.28-0.28=9.00 m²

零星抹灰工程量:4.06 m²

线条抹灰工程量:16.8 m²

工程量计算表见表 8.14。

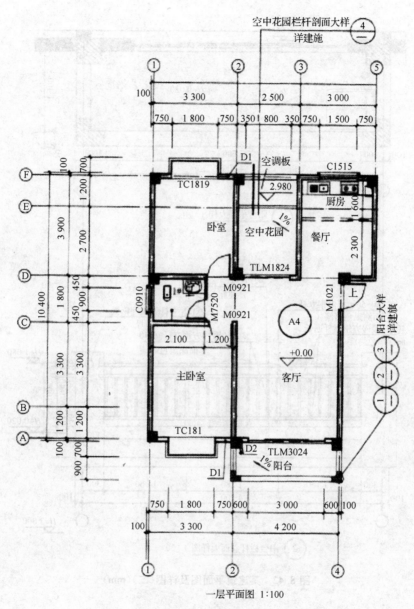

一层平面图 1:100

图 8.42 某建筑平面图及详图（一）(mm)

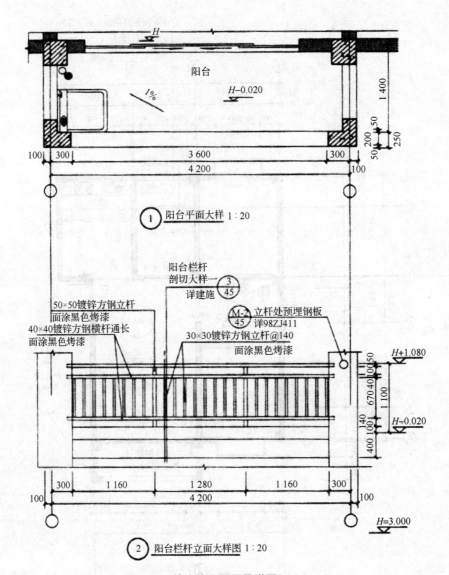

图 8.42　某建筑平面图及详图（二）（mm）

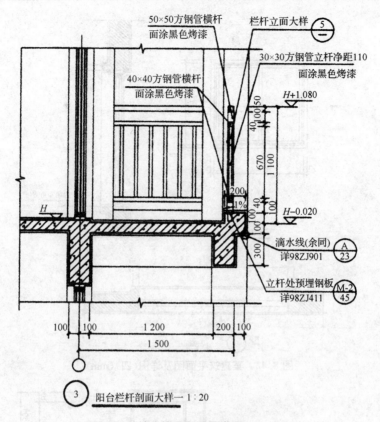

③ 阳台栏杆剖面大样一 1:20

图 8.42 某建筑平面图及详图(三)(mm)

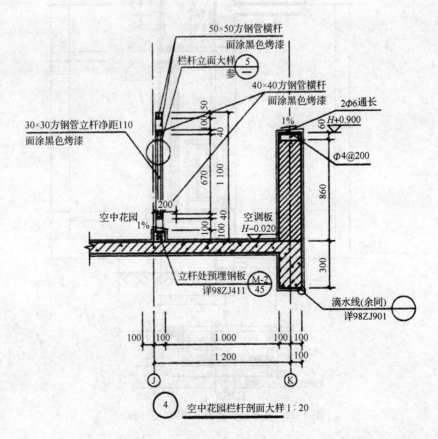

④ 空中花园栏杆剖面大样 1:20

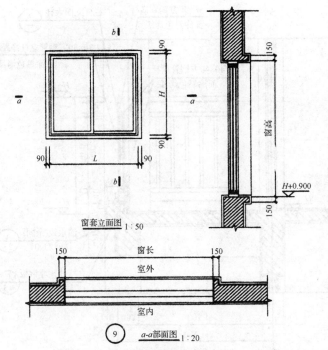

图 8.42　某建筑平面图及详图(四)(mm)

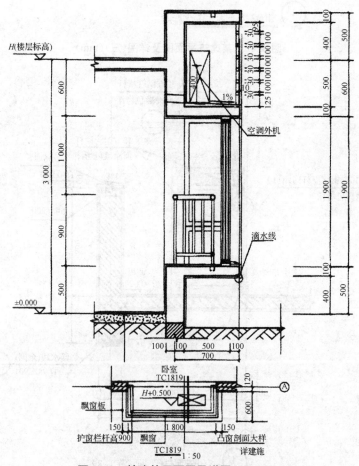

图 8.42　某建筑平面图及详图(五)(mm)

表 8.14 工程量计算表

一	基本参数						门窗(扣)					门窗侧边(加)			墙面		其他及线条		
楼层	轴线号	长(m)	层高(m)	同类墙数量	层数	门窗代号	当本列数=1时为门,否则为窗 / 每堵墙门窗	门窗洞口宽(m)	门窗洞口高(m)	门窗洞口面积(m²)	洞口外墙宽(m)	外墙门套面积(m²)	外墙面套面积(m²)	墙面面积(m²)	相同数量	展开长	展开宽	面积或长宽(m²或m)
正面	1-2轴+A轴	4.9	3	1	1	TC1819	1	1.8	1.9	3.42		9	0	11.28	1			0
TC1819	上下面			1	1		2	2.1	0.1	0.42		0	0	-0.42	1	2.1	0.6	2.52
左侧面	A—F+1轴	10.4	3	1	1	C0910	1	1	1.1	1.1		0	0	30.1				0
背面	1-5+F轴	6.9	3	1	1	TC1819	1	1.8	1.9	3.42		0	0	17.28				0
				1	1	C1515	1	1.6	1.6	2.56		0	0	-2.56				0
TC1819	上下面			1	1		2	2.1	0.1	0.42		0	0	-0.42	2	2.1	0.6	2.62
	空中花园及边框	2.1	0.92	1	1					0		0	0	1.932	1	2.1	0.4	0.84
右侧面		13.4	3	1	1	M1021	1 / 1	1	2.1	2.1		0	0	38.1				0
阳台	阳台内侧	4.4	2.9	1	1	TLM3024	1 / 1	3	2.4	7.2		0	0	5.56	2	0.06	-1	-0.12
墙面小计														100.852				5.76

（续表）

基本参数						门窗（扣）						门窗侧边（加）			墙面	其他及线条			
楼层	轴线号	长(m)	层高(m)	同类墙数量	层数	门窗代号	当本列数=1时为门,否则为窗	每堵墙门窗	门窗洞口宽(m)	门窗洞口高(m)	门窗洞口面积(m²)	洞口外墙宽(m)	外墙门套面积(m²)	外墙面套面积(m²)	墙面面积(m²)	相同数量	展开长	展开宽	面积或长或宽(m²或m)
柱面		1.6	2.9	2	1						0		0	0	9.28				0
扣顶部梁交接处				1							0		0	0	0	4	0.06	−1	−0.24
扣底部造型交接				1	1						0		0	0	0	4	0.01	−1	−0.04
墙面小计					1						0				9.28	1	3.6	0.9	−0.28
零星 阳台造型				1	1										0	1	3.6	0.9	3.24
空中花园压顶				1	1						0				0	1	4.1	0.2	0.82
零星小计																			4.06
线条 TC1819				1	1						0				0	2	3.3	1	6.6
C0910				1	1										0	1	4	1	4
C1515				1	1						0				0	1	6.2	1	6.2
线条小计																			16.8

8.5.3　天棚装饰工程工程量计算

本节计算的项目主要为直接式天棚、吊顶式天棚。

1）概述

天棚工程包括抹灰面层和吊顶工程等，其中天棚吊顶由龙骨、基层、面板组成。龙骨一般按照材料划分为木龙骨、轻钢龙骨、铝合金龙骨。

2）天棚装饰工程综合技能案例

（1）直接式天棚工程量计算

①计算规则

a. 天棚抹灰的工程量按墙与墙间的净面积以平方米计算，不扣除柱、附墙烟囱、垛、管道孔、检查口、单个面积在 0.3 m² 以内的孔洞及窗帘盒所占的面积。有梁板（含密肋梁板、井字梁板、槽形板等）底的抹灰按展开面积以平方米计算，并入天棚抹灰工程量内。

b. 檐口天棚、凸出墙面宽度在 500 mm 以上的挑板抹灰应并入相应的天棚抹灰工程量内计算。

c. 阳台底面抹灰按水平投影面积以平方米计算，并入相应天棚抹灰工程量内。阳台带悬臂梁者，其工程量乘以系数 1.30。

d. 雨篷底面或顶面抹灰分别按水平投影面积（拱形雨篷按展开面积）以平方米计算，并入相应天棚抹灰工程量内。雨篷顶面带反沿或反梁者，其顶面工程量乘以系数 1.20；底面带悬臂梁者，其底面工程量乘以系数 1.20。

e. 楼梯底面的抹灰工程量（包括楼梯休息平台）按水平投影面积计算，有斜平顶的工程量乘以系数 1.3；有锯齿形顶的工程量乘以系数 1.5，并入相应天棚抹灰工程量内。

②有关说明

a. 天棚面层在同一标高者为平面天棚，天棚面层不在同一标高者且不在同一标高的少数面积占该间天棚面积 15％ 以上的为跌级天棚（在两个设计标高者以内），跌级天棚基层、面层按平面天棚面层相应子目人工乘以系数 1.1。

b. 弧形天棚部分按相应天棚项目人工乘以系数 1.43，斜顶天棚部分按相应天棚项目人工乘以系数 1.18。

【例 8-24】某工程现浇楼盖天棚如图 8.43 所示，混合砂浆面层，已知板厚 100 mm，墙厚 240 mm，计算其工程量。

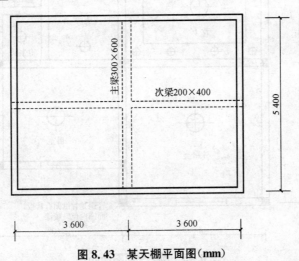

图 8.43　某天棚平面图（mm）

【解】主墙间净面积：$(7.2-0.24)\times(5.4-0.24)=35.91(\text{m}^2)$

主梁侧面抹灰：$(0.6-0.1)\times2\times(5.4-0.24)=5.16(\text{m}^2)$

次梁侧面抹灰：$(0.4-0.1)\times2\times(7.2-0.24-0.3)=3.996(\text{m}^2)$

汇总：工程量$=35.91+5.16+3.996=45.07(\text{m}^2)$

（2）吊顶式天棚工程量计算

①计算规则

天棚龙骨按主墙间净空面积以平方米计算，不扣除窗帘盒、检查口、柱、附墙烟囱、垛和管道所占面积；天棚基层、面层按设计图示尺寸展开面积以平方米计算，不扣除附墙烟囱、垛、检查口、管道、灯孔所占面积，但应扣除单个面积在 $0.3\ \text{m}^2$ 以上的孔洞、独立柱、灯槽及天棚相连的窗帘盒所占的面积。

②有关说明

a. 当天棚在两个设计标高以上者，天棚龙骨、基层、面层分别按展开面积计算，其龙骨、基层、面层按平面天棚相应子目人工乘以系数 1.2。

b. 胶合板若钻吸音孔，则每 $100\ \text{m}^2$ 增加 6.5 工日。

【例 8‑25】预制钢筋混凝土板底吊不上人型装配式 U 型轻钢龙骨，间距 450 mm×450 mm，龙骨上铺钉中密度板，面层粘贴 6 m 厚铝塑板，尺寸如图 8.44 所示，计算顶棚铝塑板工程量。

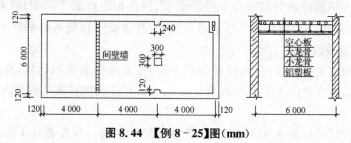

图 8.44　【例 8‑25】图（mm）

【解】铝塑板面层工程量$=(12-0.24)\times(6-0.24)-0.3\times0.3=67.65\ \text{m}^2$

【例 8‑26】顶棚平面图如图 8.45 所示，采用格栅吊顶，求主卧轻钢龙骨吊顶工程量。已知

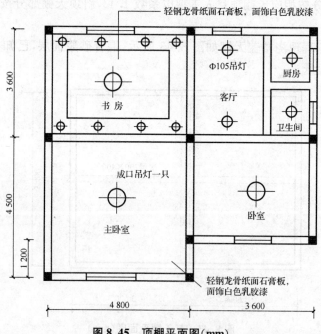

图 8.45　顶棚平面图（mm）

墙厚 240 mm,混合砂浆抹墙面厚 30 mm。

【解】定额工程量＝(4.8－0.24－0.03×2)×(4.5－0.24－0.03×2)＝18.9 m²

8.5.4 门窗工程工程量计算

本节计算的项目主要为门工程、窗工程。

1) 概述

门窗工程按照材料的不同,门分为木门、金属门、卷帘门、防火门、自动门、伸缩门、全玻门,窗分为木窗、金属窗。按照开关方式门可以分为平开门、推拉门、弹簧门、转门,窗分为平开窗、推拉窗、固定窗等。

2) 门窗工程综合技能案例

(1) 计算规则

①各种木、钢门窗制作安装、成品门窗安装工程量均按门窗洞口面积以平方米计算。

②单独制作安装木门窗框按门窗洞口面积以平方米计算;单独制作安装木门窗扇按扇外围面积以平方米计算。

③有框的厂库房大门和特种门按洞口尺寸以平方米计算,无框的厂库房大门和特种门按门扇外围面积以平方米计算。

④普通窗上部带有半圆窗的工程量应分别按半圆窗和普通窗计算。其分界线以普通窗和半圆窗之间的横框上的裁口线为分界线。

⑤门窗贴脸按图示尺寸以延长米计算;木窗上安装窗栅、钢筋御棍按窗洞口面积以平方米计算;成品门窗塞缝按门窗洞口尺寸以延长米计算;门锁安装按把计算;木门窗运输按门窗洞口面积以平方米计算。

(2) 有关说明

①木门窗项目中所注明的框断面均以边框毛断面为准,框裁口如为钉条者,应加钉条的断面计算。如设计框断面与定额项目断面不同时,以每增加 10 cm²(不足 10 cm² 按 10 cm² 计算)按表 8.15 所示增减材积。

表 8.15 每增加 10 cm² 增减的体积

项目	门	门带窗	窗
锯材(干)(m³)	0.3	0.32	0.4

②各类门扇的区别如下:

a. 全部用冒头结构镶板者,称"镶板门"。

b. 在同一门扇上装玻璃和镶板(钉板)者,玻璃面积大于或等于镶板(钉板)面积的二分之一者,称"半玻门"。

c. 用上下冒头或带一根中冒头钉企口板,板面起三角槽者,称"拼板门"。

③门窗安装项目内已包括门窗框防腐油、安木砖、框边塞缝、装玻璃、钉玻璃压条或嵌油灰以及安装一般五金等的工料。

④木门窗一般五金包括:普通折页、插销、风钩、普通翻窗折页、门板扣和镀铬弓背拉手。使用以上五金不得调整和换算。如采用贵重五金时,其费用可另行计算,但不增加安装人工工日,同时项目中已包括的一般五金材料费也不扣除。

⑤带亮木门安装时,应扣除单层玻璃材料费,人工费不变。

⑥各种厂库大门项目内所含钢材、钢骨架、五金铁件(加工铁件),以及钢窗栅、钢筋御棍的设计用量与项目不同时,可以换算,但项目中的人工、机械消耗量不作调整。

⑦木门窗运输定额项目包括框和扇的运输,若单运框时,相应子目乘以系数 0.4,单运扇时,相应子目乘以系数 0.6。

【例 8 - 27】某铝合金单扇地弹门,设计洞口尺寸如图 8.46 所示,共 35 樘,计算铝合金制作安装及配件工程量。

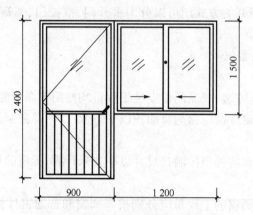

图 8.46　某铝合金单扇地弹门(mm)

【解】铝合金地弹门制作安装工程量＝0.90×2.40×35＝75.60 m²

铝合金推拉窗制作安装工程量＝1.20×1.50×35＝63.00 m²

【例 8 - 28】如图 8.47 所示为某木制窗示意图,计算该窗工程量。

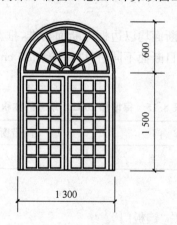

图 8.47　某木制窗示意图(mm)

【解】半圆窗工程量＝3.14×0.6²/2＝0.57 m²

矩形窗工程量＝1.3×1.5＝1.95 m²

思考与练习

某建筑工程如表 8.16 和图 8.48 所示,板厚 100 mm,内墙采用混合砂浆抹灰,刮熟胶粉腻子两遍,刷乳胶漆两遍;外墙采用水泥砂浆抹灰,刮防水腻子两遍,喷水性乳胶漆;地面采用

600 mm×600 mm 陶瓷地砖,所有房间用水泥砂浆粘贴同地砖材料的踢脚线,高 120 mm;天棚采用 U 形不上人轻钢龙骨,面板为 600 mm×600 mm 铝板吊顶,吊顶高 3 m,试对其列项,计算各分项工程量。

表 8.16　门窗表

类型	设计编号	洞口尺寸(mm)	数量	图集名称	选用型号	备注
门	M0921	1000×2100	2			门框厚 100 mm,外门平内皮内门平开启方向
	M1024	1000×2400	1			
窗	C1518	1500×1800	5		90 系列	带亮铝合金推拉窗,立樘居中

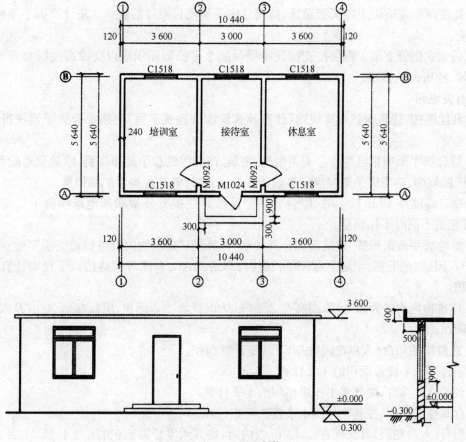

图 8.48　某装修工程图(mm)

8.6　措施项目费用计算

8.6.1　脚手架工程工程量计算

本节计算的项目主要为综合脚手架和单项脚手架。

1)概述

脚手架是专门为高空施工操作、堆放和运输材料、保证施工过程工人安全而设置的架设工具或操作平台,是施工中不可缺少的设施之一,其费用是工程造价的一个主要组成部分。

脚手架是为了完成墙体砌筑、混凝土浇筑、装饰装修施工及安全设施所搭设的支架。按照用途可分为砌筑脚手架、现浇脚手架、装饰脚手架等;按照材料可分为扣件式、碗扣式、门式脚手架等;按照位置关系可分为外脚手架和内脚手架。

2)脚手架工程综合技能案例

(1)综合脚手架工程量计算

②计算规则

a.综合脚手架应分单层、多层和不同檐高,按"建筑面积计算规则"计算其工程量。

b.满堂基础脚手架工程量按其底板面积计算。满堂基础按满堂脚手架基本层子目的50%计算脚手架摊销费,人工不变。

c.高度在3.6 m以上的天棚装饰,按满堂脚手架项目乘以系数0.3来计算脚手架摊销费,人工不变。

d.满堂式钢管支架工程量按支撑现浇项目的水平投影面积乘以支撑高度以立方米计算,不扣除垛、柱所占的体积。

②有关说明

a.凡能够按"建筑面积计算规则"计算建筑面积的建筑工程,均按综合脚手架项目计算脚手架摊销费。

b.综合脚手架项目已综合考虑了砌筑、浇筑、吊装等的脚手架摊销费,除满堂基础和3.6 m以上的天棚装饰、幕墙脚手架按规定单独计算外,不再计算其他脚手架摊销费。

c.檐口高度在48 m以上时,综合脚手架是按高层提升外架和其他单项脚手架综合编制的,实际施工不同时不作调整。

d.综合脚手架面积按"建筑面积计算规则"计算,但"建筑物内设备管道夹层""建筑物的阳台(入户花园)""地下室、半地下室(车间、商店、车站、车库、仓库等)"应按以下规则计算综合脚手架面积:

· 建筑物内设备管道夹层,层高在2.20 m内时计算1/2面积,层高在2.20 m及以上者应计算全面积。

· 建筑物的阳台(入户花园)按以下规定计算面积:

挑阳台按水平投影面积的1/2计算。

阳台单柱支撑者,按其水平投影面积的1/2计算。

阳台双柱支撑者,按其柱外围水平投影面积计算。

凹阳台(入户花园)其深度在2.10 m以内时,按其水平投影面积的1/2计算,在2.10 m以上时,按水平投影面积计算。

· 地下室、半地下室(车间、商店、车站、车库、仓库等)无外墙上口的,按其内边线加250 mm进行计算。

· 屋面上现浇混凝土排架和其他现浇混凝土构架的综合脚手架面积应按以下规则计算:

建筑装饰造型及其他功能需要在屋面上施工现浇混凝土排架和其他现浇混凝土构架,高度在2.20 m以上时,其面积大于或等于整个屋面面积1/2者,按其排架构架外边柱外围水平投影面积的70%计算;其面积大于或等于整个屋面面积1/3者,按其排架构架外边柱外围水平投影面积的50%计算;其面积小于整个屋面面积1/3者,按其排架构架外边柱外围水平投影面积的25%计算。

（2）单项脚手架工程量计算

①计算规则

a. 外脚手架、里脚手架、高层提升外架均按垂直投影面积计算，不扣除门窗洞口和空圈等所占面积。

b. 砌砖工程高度在1.35～3.6 m以内者，按里脚手架计算；高度在3.6 m以上者，按外脚手架计算。独立砖柱高度在3.6 m以内者，按柱外围周长乘以实砌高度按里脚手架计算；高度在3.6 m以上者，按柱外围周长加3.6 m乘以实砌高度按单排脚手架计算。

c. 砌石（包括砌块）工程高度超过1 m时，按外脚手架计算。独立石柱高度在3.6 m以内者，按柱外围周长乘以实砌高度计算；高度在3.6 m以上者，按柱外围周长加3.6 m乘以实砌高度计算。

d. 围墙高度从自然地坪至围墙顶计算，长度按墙中心线计算，不扣除门所占面积，但门柱和独立门柱的砌筑脚手架亦不增加。

e. 满堂脚手架按搭设的水平投影面积计算，不扣除垛、柱所占的面积。满堂脚手架高度以设计层高计算，高度在3.6～5.2 m时，按满堂脚手架基本层计算。高度在5.2 m以上时，每增加1.2 m，按增加一层计算，增加高度在0.6 m以内时舍去不计，如图8.49所示。

例如：设计层高为9.2 m时，其增加层数为：

（9.2－5.2）/1.2＝3层，余0.4 m舍去不计。

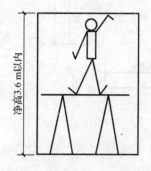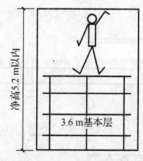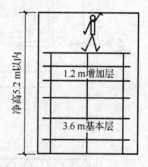

图8.49　满堂脚手架示意图

f. 挑脚手架按搭设长度和搭设层数，以延长米计算。

g. 悬空脚手架按搭设的水平投影面积计算。

h. 水平防护架按脚手板实铺的水平投影面积计算。

i. 垂直防护架以高度（从自然地坪算至最上层横杆）乘以两边立杆之间的距离，以平方米计算。

j. 建筑物垂直封闭工程量按封闭面的垂直投影面积计算。

k. 烟囱、水塔脚手架，按不同直径、高度以座计算。水塔脚手架按相应烟囱脚手架人工乘以系数1.11，其他不变。

②有关说明

a. 凡不能够按"建筑面积计算规则"计算建筑面积的建筑工程，确需搭设脚手架时，按单项脚手架项目计算脚手架摊销费。

b. 凡高度超过1.2 m的室内外混凝土池、贮仓均按相应单项脚手架项目计算脚手架摊销费。

c. 外脚手架项目系按双排考虑，单排脚手架应按外脚手架项目乘以系数0.7。

d. 水平防护架和垂直防护架，均指在脚手架以外，单独搭设的用于车马通道、人行通道、临街防护和施工与其他物体隔离的水平及垂直防护架。

e. 水平防护架子目中的脚手板是按单层编制的，实际按双层或多层铺设时按实铺层数增加脚手板耗料，支撑架料耗量增加 20%，其他不变。

【例 8 - 29】如图 8.50 所示，计算脚手架工程量（使用钢管脚手架）。已知圈梁底标高为 4.80 m，全部墙体设置圈梁，板厚为 100 mm，此项目为新建项目。

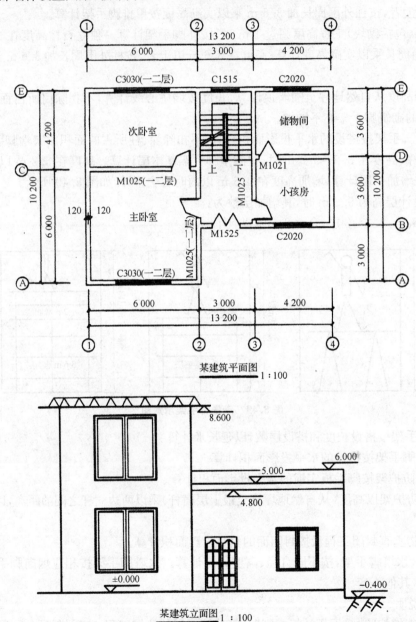

图 8.50　某建筑平面及立面图（mm）

【解】

综合脚手架工程量：

一层：$(6+0.24)\times(10.2+0.24)+(7.2+0.24)\times7.2=118.71\ \mathrm{m}^2$

二层：$(6+0.24)\times(10.2+0.24)=65.15\ \mathrm{m}^2$

工程量$=118.71+65.15=183.86\ \mathrm{m}^2$

套用定额子目 AD0006

满堂脚手架工程量：

由于首层层高超过 3.6 m，因此需计算满堂脚手架工程量。

工程量$=(6+0.24)\times(10.2+0.24)+(7.2+0.24)\times7.2=118.71\ \mathrm{m}^2$

套用定额子目 AD0018

【例 8－30】五层住宅楼尺寸如图 8.51 所示，采用双排钢管外脚手架，计算外脚手架工程量。

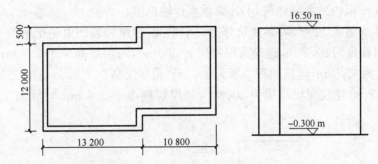

图 8.51　五层住宅楼示意图（mm）

【解】外脚手架工程量：

工程量＝外墙垂直投影面积＝外墙外围长度×外墙高度

$\qquad=(13.2+10.8+1.5+12)\times2\times(16.5+0.3)$

$\qquad=1\ 260\ \mathrm{m}^2$

套用定额子目：AD0013

8.6.2　垂直运输及超高人工、机械降效工程量计算

本节计算的项目主要为建筑物垂直运输、构筑物垂直运输及超高人工、机械降效工程量。

1) 概述

垂直运输设施是建筑机械化施工的主导设施，担负着大量的建筑材料、建筑设备和施工人员垂直运输任务。建筑物的高度越高，操作工人的工效越低，建筑材料的垂直运输运距就越长，从而引起随工人班组的配置确定台班量的机械效率就会相应降低，为了弥补因建筑物高度超高而造成的人工、机械降效，应计取相应的超高增加费。超高加压水泵台班主要考虑自来水水压不足所需要增压的加压水泵台班。

垂直运输及超高人工、机械降效包括单位工程在合理工期内完成全部工程项目所需的垂直运输机械台班和建筑物檐口高度 20 m 以上的人工、机械降效及加压水泵的增加台班。不包括机械的场外运输、一次安拆及路基铺垫和轨道铺拆等的台班。

2) 垂直运输及超高人工、机械降效工程综合技能案例

(1) 计算规则

①建筑物垂直运输及超高人工、机械降效按脚手架章节综合脚手架计算规定计算面积。同

一建筑物檐高不同时,不分结构(除单层工业厂房外),用途分别按不同檐高项目计算。

②构筑物垂直运输按座计算。

(2) 有关说明

①凡建筑物檐口高度超过 20 m 以上者都应计算建筑物超高人工、机械降效费。建筑物垂直运输及超高人工、机械降效的面积按照脚手架工程章节综合脚手架面积执行。地下室工程的垂直运输按"建筑面积计算规则"确定的面积计算,并入上层工程量内套用相应定额。若垂直运输机械布置于地下室底层时,高度应以布置点的地下室底板顶标高至檐口的高度计算,执行相应檐口高度的垂直运输子目。

②同一建筑物有几个不同室外地坪和檐口标高时,应按相应的设计室外地坪标高至檐口高度分别计算工程量,执行不同檐高子目。

③檐高 3.6 m 以内的单层建筑,不计算垂直运输机械。

【例 8-31】如图 8.52 所示,某建筑分为三个单元,建筑和装饰由一个单位承包,第一个单元共 20 层,檐口高度为 62.7 m,建筑面积每层为 300 m²,每层层高小于 3.6 m;第二个单元共 18 层,檐口高度为 49.7 m,建筑面积每层为 500 m²,每层层高小于 3.6 m;第三个单元共 15 层,檐口高度为 35.7 m,建筑面积每层为 200 m²,每层层高小于 3.6 m。计算该工程垂直运输工程量。

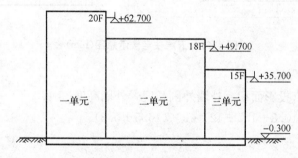

图 8.52　某建筑示意图(m)

【解】确定建筑物不同标高的建筑面积应垂直分割计算。

a. 檐口高度 70 m 以内　$S = 20 \times 300 = 6\,000 (m^2)$　套用 2013 定额:AM0010

b. 檐口高度 50 m 以内　$S = 18 \times 500 = 9\,000 (m^2)$　套用 2013 定额:AM0008

c. 檐口高度 40 m 以内　$S = 15 \times 200 = 3\,000 (m^2)$　套用 3013 定额:AM0007

8.6.3　混凝土运输及泵送工程工程量计算

本节计算的项目主要为混凝土运输、混凝土泵送等。

(1) 概述

当工程使用现场搅拌站混凝土或商品混凝土时,如需运输和泵送的,可按实际情况计算混凝土运输和泵送费用。如商品混凝土运输费已在发布的参考价中考虑,则运输时不再计算。

(2) 混凝土运输及泵送综合技能案例

①混凝土运输工程量,按混凝土浇捣相应子目的混凝土定额分析量计算。

②混凝土泵送工程量,按混凝土浇捣相应子目的混凝土定额分析量计算。

8.6.4 大型机械设备基础、安拆及进退场费计算

本节计算的项目主要为大型设备基础费、大型设备安拆费、大型设备进退场费。

1) 概述

大型设备进退场及安拆费是指这一类机械整体或分体自停放场地运至施工现场或由一个施工地点运至另一个施工地点,所发生的机械进退场运输及转运费用及这一类机械在施工现场进行安装、拆卸所需的人工费、材料费、机械费、试运转费和安装所需的辅助设施费用。

大型设备的安拆一次费用中均已包括了安拆过程中消耗的本机试车台班;大型机械场外运输费用中包括了本机使用台班,还包括机械的回程费用。安装、拆卸一次费用子目中的试车台班及场外运输费用子目中的本机使用台班可根据实际使用机型换算,其他不变。

2) 大型机械设备基础、安拆及进退场费综合技能案例

(1) 计算规则

特、大型机械安拆及场外运输按台次计算。

(2) 有关说明

① 特、大型机械安装及拆卸

a. 自升式塔机是以塔高 45 m 确定的,如塔高超过 45 m 时,每增高 10 m,安拆项目增加 20%。

b. 塔机安拆高度按建筑物塔机布置点地面至建筑物结构最高点加 3 m 计算。

c. 安拆台班中已包括机械安装完毕后的试运转台班,不另计算。

② 特、大型机械场外运输

a. 机械场外运输是按运距 25 km 考虑的。

b. 机械场外运输综合考虑了机械施工完毕后回程的台班,不另计算。

c. 自升式塔机是以塔高 45 m 确定的,如塔高超过 45 m 时,每增高 10 m,场外运输项目增加 10%。

思考与练习

1. 某五层住宅楼尺寸如图 8.53 所示,采用单排钢管外脚手架,计算外脚手架工程量。

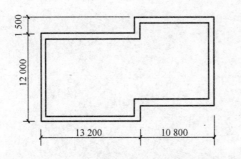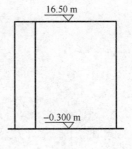

图 8.53 某建筑平面和立面图(mm)

2. 如图 8.54 所示独立砖柱 100 根,采用钢管脚手架,计算该柱的脚手架工程量。

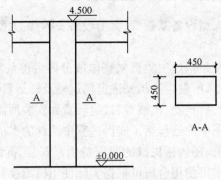

图 8.54 柱立面图、截面图

9 建筑工程施工图的预算

9.1 定额计价模式下的施工图预算

9.1.1 施工图预算的概念

施工图预算是施工图设计预算的简称。它是指在施工图设计完成的基础上,由设计单位根据设计图纸、现行预算定额、费用定额、施工组织设计以及地区人工、材料、施工机械台班等预算价格而编制和确定的建筑安装工程造价的经济技术文件。施工图预算是设计阶段工程造价控制的主要过程之一,施工图预算文件是在施工图设计完成的基础上编制的,它是在设计概算的基础上编制的,但它相对于设计概算更具体,依据更充分。

9.1.2 施工图预算的作用

施工图预算对于建设项目参建各方都具有重要作用,主要包括以下几个方面:
(1) 施工图预算对设计方的作用
①根据施工图预算进行控制投资。
②根据施工图预算进行优化设计、确定最终设计方案。
(2) 施工图预算对投资单位的作用
①根据施工图预算修正建设投资。
②可作为编制工程量清单及确定招标标底的参考依据。
③根据施工图预算拨付和结算工程价款。
(3) 施工图预算对承包商的作用
①施工图预算是承包商进行投标报价的依据。
②施工图预算是进行人力、物力、财力等施工准备和进行施工组织的依据。
③施工图预算是进行经济核算及成本控制的依据。
④施工图预算是施工单位编制和施工预算的依据。
(4) 施工图预算对工程造价管理部门的作用
施工图预算是造价管理部门监督、检查企业执行定额标准、合理确定工程造价、测算造价指数及审查招标工程标底的依据之一。

9.1.3 施工图预算的编制依据

(1) 经批准的设计概算文件
设计概算是在初步设计编制的,其确定的设计概算额度为拟建工程投资的最高限额。施工图预算必须以此为依据,并且不能超过这一限额。
(2) 施工图纸、有关标准、图纸会审记录
施工图纸预算的工程量计算是根据施工图、相关标准图及图纸会审记录进行的,它们反映

了工程的具体内容、施工方法、结构尺寸、材料要求、技术要求等,所以施工图纸、相关标准图及图纸会审记录是编制施工图预算的重要依据。

(3)甲乙双方签订的工程合同或协议

施工合同规定了甲乙双方相应的责任义务、工作要求、相关费用的计取方式等。因此,工程合同是施工图预算的依据之一。

(4)施工组织设计(或施工方案)、现场勘察及测量资料

施工组织设计(或施工方案)是确定单位工程进度计划、施工方法或主要技术措施以及施工现场平面布置等内容的文件。在计算工程量时,施工图纸未确定的内容如:地下水位标高、是否需要安排措施;土石方工程的施工方法、运距、放坡或支挡土板;基础垫层是否支模;钢筋混凝土等预制构件是在现场加工还是在加工厂加工、运距多少等等,都是影响工程造价的重要因素。因此在编制施工图预算时需要依据施工组织设计(或施工方案)及现场资料。

(5)现行预算定额(或单位估价表)及费用定额

预算定额中规定了工程量计算规则,各项工程的单位估价表及相应人工、材料、机械台班消耗量。依据预算定额则可以确定建筑工程的直接工程费以及工料分析表。

国家或地方颁发的建设工程费用定额规定了措施费、间接费、利润、税金及其他费用的计取方式及费用标准。

因此,预算定额及费用定额是编制施工图预算的重要依据。

(6)工程造价信息及动态调价规定

预算定额中的计价反映的是定额编制时期的价格水平,但是人工、材料、机械台班的价格是随市场波动的,为使造价尽可能接近市场水平,反映实际情况,需要依据工程造价信息及动态调价规定,调整相应的价差。因此,工程造价信息及动态调价规定是编制施工图预算的重要依据。

(7)预算工作手册及有关工具书

各种预算工作手册及有关工具书载有常用的数据(如各种构件工程量及钢材重量等)、计算公式、各种系数,作为工具性资料,可供计算工程量和进行工料分析参考,可以提高工作效率。

9.1.4 施工图预算书的组成

(1)封面

封面主要反映工程概况,包括工程名称、建筑面积,工程造价和单位造价,建设单位和施工单位,编制人和审核人,编制时间和审核时间,预算书编号等。如表9.1所示。

(2)编制说明

编制说明主要是说明所编预算在预算表中无法表达,而又需要使审核单位(人员)或其他使用单位(人员)必须了解的相关内容。其内容一般包括:编制依据、本预算所包括的工程范围、施工现场(如土质、标高)与施工图纸说明不符的情况、对发包方提供的材料与半成品预算价格的处理、施工图纸的重大修改、对施工图纸说明不明确之处的处理、深基础的特殊处理、特殊项目及特殊材料补充单价的编制依据与计算说明、经承发包方双方同意编入预算的项目说明、未定事项及其他应予以说明的问题等。如表9.2所示。

(3)工程取费表

工程取费表是指组成单位工程预算造价各项费用计算的汇总表。根据《重庆市建设工程费用定额》规定的费用组成,其内容包括:直接费(包括直接工程费和措施费)、间接费(包含企业管

理费和规费)、利润、安全文明施工专项费、工程定额测定费、税金。如表9.3所示。

(4) 工程预(结)算表

工程预(结)算表是指各分部分项工程直接费用的计算表(有的含工料分析表),它是施工图预算书的主要组成部分。其内容包括定额编号、分部分项工程名称、计量单位、工程量、预算单价及合价等。有些地区还将人工费、材料费和机械费在该表中同时列出,以便汇总后计算其他各项费用。如表9.4所示。

(5) 工程主要材料用量表

工程主要材料用量表是指分部分项工程所需人工、材料和机械台班消耗量的分析计算表。此表一般与分部分项工程表结合在一起,其内容除与分部分项工程预算表的内容相同外,还应列出各分项工程的预算定额工料消耗量指标和计算出相应的工料消耗数量。如表9.5、表9.6所示。

(6) 材料汇总表

材料汇总表是指单位工程所需的各种材料的汇总表。其内容包括材料名称、规格、单位、数量等。如表9.7所示。

(7) 按实计算费用表

按实计算费用表是以统计允许按实计算费用的表格。允许按实计算的费用包括:建筑垃圾场外运输费,土石方运输、构件运输及特大机械进出场等实际发生的过路费、过桥费、弃渣费、土石方外运密闭费,机械台班中允许按实计算的养路费、车船使用税,总承包服务费,高温补贴等。如表9.8所示。

表9.1　重庆市建筑安装工程造价预算书封面

重庆市建筑安装工程造价预(结)算书
〈专业工程名称〉

建设单位:　　　　　　　工程名称:　　　　　　　建设地点:

施工单位:　　　　　　　工程类别:　　　　　　　建设日期:

工程规模:　　　　　　　工程造价:　　　　　　　单位造价:

建设(监理)单位:_____　施工(编制)单位:_____　审核单位:_____

审核人　　　　　　　　编制人　　　　　　　　审核人
资格证章:_____　　资格证章:_____　　资格证章:_____

年　月　日　　　　年　月　日　　　　年　月　日

表9.2 重庆市建筑安装工程造价预算书编制说明

编制说明

1. 工程概况
(1) 工程名称
(2) 建筑面积或容积
(3) 建筑层数和高度
(4) 工程设计主要特点概述
2. 编制范围
3. 编制依据
4. 其他说明
5. 造价汇总

表9.3 工程取费表

序号	费用组成	计算式	费率	金额(元)	备注
一	直接费	1+2+3			
1	直接工程费	1.1+1.2+1.3			
1.1	人工费	1.1.1+1.1.2			
1.1.1	定额基价人工费	定额基价人工费			
1.1.2	定额人工单价(基价)调整	1.1.1×[定额人工单价(基价)调整系数−1]			1.含按计价定额基价计算的实体项目和技术措施项目费
1.2	材料费	定额基价材料费			
1.3	机械费	1.3.1+1.3.2			2.定额人工单价(基价)调整系数按文件取2.0
1.3.1	定额基价机械费	定额基价机械费			
1.3.1.1	其中,定额基价机上人工费				
1.3.2	定额机上人工单价(基价)调整	1.3.1.1×[定额人工单价(基价)调整系数−1]			
2	组织措施费	(1.1.1+1.2+1.3.1)×费率			渝建发〔2014〕27
3	允许按实计算费用及价差	3.1+3.2+3.3+3.4			
3.1	人工费价差				
3.2	材料费价差				
3.3	按实计算费用				
3.4	其他				
二	间接费	4+5			
4	企业管理费	(1.1.1+1.2+1.3.1)×费率			渝建发〔2014〕27

（续表）

序号	费用组成	计算式	费率	金额（元）	备注
5	规费	(1.1.1+1.2+1.3.1)× 费率			
三	利润	(1.1.1+1.2+1.3.1)× 费率			
四	建设工程竣工档案编制费	(1.1.1+1.2+1.3.1)× 费率(0.28%)			渝建发〔2014〕26
五	住宅工程质量分户验收费	按文件规定计算 (1.35 元/m²)			渝建发〔2013〕19
六	安全文明施工费	按文件规定计算			渝建发〔2014〕25
七	税金	(一+二+三+四+五+ 六)×费率			渝建发〔2011〕440
八	工程造价	一+二+三+四+五+ 六+七			

表 9.4　工程预（结）算表

工程名称：　　　　　　　　　　　　　　　　　　　　　　　　　　第　页　共　页

序号	定额编号	项目名称	单位	工程量	单价（元）	合价（元）	人工费（元）		材料费（元）		机械费（元）	
							单价	合价	单价	合价	单价	合价
		合计										

注:本表供以定额基价直接工程费为计算基础的工程使用。

表9.5 工程主要材料用量表

工程名称：

序号	材料名称	单位	工程用材	临设摊销	模板摊销	脚手架摊销	合计量	单方量
1	钢材	t						
2	水泥	t						
3	原木	m³						
4	商品混凝土	m³						

表9.6 工程人工、材料、机械台班用量统计表

工程名称：   第 页 共 页

序号	人工、材料、机械台班名称	单位	数量	备注

表 9.7　人工费、材料费价差调整表

工程名称：　　　　　　　　　　　　　　　　　　　　　　　　　　　　　　　　第　页　共　页

序号	材料名称及规格	单位	数量	基价 （元）	基价合计 （元）	调整价 （元）	单价差	价差合计 （元）	备注
一	人工费价差	元							
	合计								
二	材料费价差	元							
	合计								

表 9.8　按实计算费用表

工程名称：　　　　　　　　　　　　　　　　　　　　　　　　　　　　　　　　第　页　共　页

序号	费用名称	单位	数量	单价（元）	合价（元）	备注
	合计					

9.1.5 施工图预算的编制方法及编制步骤

《建筑工程施工发包与承包计价管理办法》中明确规定,施工图预算、招标标底和投标报价由成本(直接费、间接费)、利润和税金构成。其编制可以采用工料单价法及综合单价法。

1) 工料单价法

分部分项工程量的单价为直接费。直接费以人工、材料、机械的消耗量及其相应价格确定。间接费、利润、税金按照有关规定另行计算。

按照分部分项工程单价产生的方法不同,工料单价法又可以分为预算单价法和实物法。

(1) 预算单价法

预算单价法就是采用地区统一单位估价表中的各分项工程工料预算单价(基价)乘以相应的各分项工程的工程量,计算出单位工程直接工程费,然后加上按统一规定的费率乘以相应的计费基数计算出的措施费、间接费、利润和税金,便可得出该单位工程的施工图预算造价。

用预算单价法编制施工图预算的主要计算公式为:

$$单位工程预算工程直接工程费 = \sum(工程量 \times 预算定额单价)$$

预算单价法编制施工图预算的具体步骤包括:

①搜集各种编制依据资料

编制依据资料包括施工图纸、施工组织设计或施工方案、取费标准、定额、所在地区市场价等。充分的资料准备是施工图预算完整性和准确性的保障。

②熟悉施工图纸和定额

施工图纸是编制预算的基本依据。只有熟悉图纸,才能熟悉工程内容,完整地选用分部分项工程项目,从而准确地计算出分项工程量。对建筑物的结构类型、平面布置、应用材料、图注尺寸及其构配件的选用等方面的熟悉程度,将直接影响到能否快、全、准地编制预算。熟悉图纸不但要弄清图纸中的内容,还要熟悉图纸中的相关说明。另外,标准图集、图纸会审记录、设计变更通知等也是图纸的一部分。必须将各种设计文件熟悉并且综合运用,才能保证计算出完整准确的工程量。

现行定额是编制施工图预算的计价标准。在每一单位建筑工程中,其分部分项工程的基价和人工、材料、机械台班使用消耗量,都是依据预算定额来确定的,而完整的工程造价费用构成及取费标准又是依据费用定额计算而得。必须熟悉定额的内容、形式和使用方法,才能在编制预算过程中正确应用;只有对预算定额的内容、形式和使用方法有了比较明确的了解,才能结合施工图纸,迅速而准确地确定与其相应一致的工程项目、计算工程量,并且计算出完整的工程造价。

③了解施工组织设计和施工现场情况

应全面了解现场施工条件、施工方法、技术组织措施、施工设备、器材供应情况,并通过踏勘施工现场补充有关资料。

④进行分部分项工程划分以计算工程量

工程量的计算是分部分项进行的。因此,在计算之前,应根据定额中工程项目划分,列出所需计算的分部分项工程项目名称。一般应首先按照定额分部工程项目的顺序进行排列,否则容易出现漏项或重项,若定额中没有列出图纸上表示的项目,则需补充该项目,然后对划分好的各分部分项工程量逐一进行计算。工程量计算是编制预算的最核心也是最繁重的工作,不仅要求认真、细致、及时和准确，而且要按照定额中规定的计算规则和顺序进行，避免漏算或重算，同时也便于校对和审核。

⑤套用预算定额单价，求出单位工程的直接工程费

工程量计算完成并检查无误后，将所得到的分部分项工程量套用定额中相应的定额基价，相乘后再进行汇总，即求出直接工程费。

⑥编制工料分析表

编制工料分析表是后期计算人工及材料价差的重要准备工作。其方法是根据各分部分项工程量及定额中相应工程的人工及材料消耗定额，计算出各分部分项工程所需的各种人工及材料数量，并加加汇总，便得出本工程所需的各类人工及材料消耗总量。

⑦允许按实计算费用及价差

当人工及材料价格相对定额有变动时，应该按照地方调价规定及市场信息价调节价差。

⑧按费用定额进行取费计算

按规定的计费标准及取费费率计算出直接费、间接费、利润、税金和其他费用，并进行汇总。

$$工程总造价＝直接费＋间接费＋利润＋税金＋其他$$

⑨复核

预算编制出来之后，由其他预算专业相关人员进行检查核对，以便及时发现错误，提高预算质量。主要是核查分部分项工程项目有无漏项或余项；工程量有无少算、多算或错算；定额套用、各项费用的计费基础及取费标准是否符合规定。

⑩编制预算说明及封面

预算说明的内容及封面应符合各自内容要求。

⑪ 装订签章

将已完成的预算书的各个组成部分按顺序编排并装订成册。预算编制人应填写封面有关内容并签字，加盖有资格证号的印章，经有关负责人审阅签字后，最后加盖公章，至此完成了预算编制工作。

（2）实物法

预算单价法是目前国内编制施工图预算的常用方法。其具有计算简单、工作量较小和编制速度较快、便于工程造价管理部门集中统一管理的优点。但由于该方法采用的单位估价表或预算定额是预先编制好的，只能反映编制时期的价格水平。在市场价格波动较大的情况下，预算单价法的计算结果会偏离实际价格水平。虽然可以调价，但调价规定的测定时间与颁布时间之间也存在着时间差，并且计算比较复杂，因此，不适用于市场经济环境。

应用实物法来编制施工图预算，首先根据施工图纸分别计算出分项工程量，然后套用地区定额中相应人工、材料、机械台班的定额消耗量，再分别乘以工程所在地当时的人工、材料、机械台班的实际单价，求出单位工程的人工费、材料费和施工机械使用费，并汇总求和，进而求得单位工程直接工程费，然后按规定计取其他各项费用，汇总后就可得出单位工程施工图预算造价。

实物法编制施工图预算中主要的计算公式是：

$$单位工程概预算直接工程费 ＝ \sum（工程量×人工预算定额消耗量×当时当地工日单价）＋$$

$$\sum（工程量×材料预算定额消耗量×当时当地材料预算单价）＋$$

$$\sum（工程量×机械台班预算定额消耗量×当时当地机械台班单价）$$

实物法编制施工图预算的首尾步骤与单价法相同,二者最大的区别在于计算人工费、材料费和施工机械使用费及汇总三者费用之和的方法不同。实物法用的是定额消耗量,从而计算人工、材料、机械台班消耗量,并用当时当地的各类人工、材料和机械台班的实际单价分别乘以相应的人工、材料和机械台班的消耗量,并汇总得出单位工程的人工费、材料费和机械使用费,汇总即可计算直接工程费。

与单价法相比,用实物法编制施工图预算采用的是工程所在地实际价格水平,工程造价的准确性高,虽然计算工程较单价法繁琐,但利用计算机便可解决此问题。因此,实物法是与市场经济体制相适应的预算编制方法。

2) 综合单价法

分部分项工程量的单价为全费用单价。全费用单价不仅包括分部分项工程所发生的直接费,还包括间接费、利润、税金及工料价格变化风险等其他一切费用。用分部分项工程的工程量乘以相应综合单价并汇总,就可得出工程的总造价。

清单计价法采用的就是综合单价法。这种方法与工料单价法的区别在于:将间接费和利润按照一定费率分摊到分项工程单价中。由于我国清单计价中的综合单价也是由定额计算而得,故称为"过渡时期计价模式"。

综合单价法编制施工图预算的首尾步骤与工料单价法大致相同,不同之处在于计算工程量采用的是综合单价计价模式下的计算规则,套用单价也是套用综合单价,并且所得费用经汇总即为工程总造价。

9.2　人工、材料、机械台班分析及价差计算

1) 人工、材料、机械台班消耗量分析及汇总

人工、材料、机械台班消耗量分析,是指根据各分部分项工程量及相应人工、材料、机械台班定额消耗量,对工程所需的各种人工、材料、机械台班总量进行的分析计算。在工程计价过程中,材料价差的调整往往会影响工程造价,调整价差的基础工作就是要进行人工、材料、机械台班分析。人工、材料分析一般与套用定额同时进行,套用定额时人工、材料分析表常与预(结)算表一起填写,以减少翻阅定额的次数。

(1) 人工、材料、机械台班消耗量分析的作用

人工、材料、机械台班消耗量分析中的各种材料消耗量是建设单位提供计划物资及施工单位储备材料的依据;各种人工消耗量和机械台班消耗量是计算劳动力需要量、进行施工准备、编制作业计划、签发班组施工任务书、进行财务成本核算和开展班组经济核算的依据。同时,人工、材料、机械台班消耗总量也是计算人工费、材料费、机械费价差的基础数据。

(2) 人工、材料、机械台班消耗量分析方法

人工、材料、机械台班消耗量分析以一个单位工程为编制对象,其编制步骤如下:

①按施工图预算的工程项目和定额编号,从预算定额中查出各分项工程的各种人工、材料、机械台班的定额消耗量。

②将各分项工程量分别乘以对应的定额用工、用料、用机数量,就得到相应的各分部分项的各种人工、材料和机械台班消耗量。其计算式如下所示:

人工消耗量(工日)=分项工程量×相应时间定额

材料消耗量=分项工程量×相应材料消耗定额

机械台班消耗量=分项工程量×相应机械台班消耗定额

③将各分部分项工程人工、材料和机械台班的消耗量,按工种、材料种类和机械台班种类分别汇总,最后即得出该单位工程的各种人工、各种材料和各种机械台班的总消耗量。

(3) 人工、材料、机械台班分析的注意事项

①凡是预制的现场安装构件,应按制作和安装分别计算工料。

②对主要材料应按品种、规格及预算价格不同分别计算用量,并分类统计。

③对机械台班应按规格、型号及预算价格计算用量,并分类统计。

④对换算的定额子目,在进行人工、材料、机械台班分析时,要注意用量的变化。

2) 人工、材料、机械台班价差计算

当人工、材料、机械台班的价格水平变化幅度达到地方规定的幅度时,应依据地方的调价规定或市场信息价格进行价差调整。价差调整的方法有直接调整法和综合系数调整法。

直接调整法就是直接用人工、材料、机械台班市场价与预算价格之差即得出相应价差调整额,总计差额度即为人工、材料、机械台班价差之和:

人工价差=人工消耗量×(现行的地区人工单价−定额基价中的人工单价)

材料价差=材料消耗量×(现行的地区材料单价−定额基价中的材料单价)

机械台班价差=机械台班消耗量×(现行的地区机械台班单价−定额基价中的机械台班单价)

综合系数调整法是指当地方调价规定中明确规定了价格调整系数,则用单位工程定额人工、材料、机械费或定额直接费乘以综合调价系数,求出单位工程人工、材料、机械台班价差。

9.3　建筑工程施工图预算书编制实例

(1) 图纸

建筑施工图、结构施工图见附录1。

(2) 工程量计算

工程量计算按2008年《重庆市建筑工程计价定额》(CQJZDE—2008)规定进行,计算过程及结果见表9.9。

(3) 套用定额及费用计取

按2008年《重庆市建筑工程计价定额》(CQJZDE—2008)、《重庆市建设工程费用定额》(CQFYDG—2008)规定进行工程造价计算。

表9.9　工程量计算表

项目名称	单位	工程量	计算式	备注
计算基数				
外墙外边线长 $L_外$	m	30.2	(8.6+6.5)×2	
外墙中心线长 $L_中$	m	29.4	(8.4+6.3)×2	
内墙中心线长 $L_内$	m	5.8	3−0.1×2+3	
底层建筑面积 $S_底$	m²	55.9	8.6×6.5	
(一) 土石方工程				
平整场地	m²	132.3	(8.6+4)×(6.5+4)	

（续表）

项目名称	单位	工程量	计算式	备注
人工挖沟槽土方	m³	19.59	$(0.5+0.3\times2)\times(0.8-0.15)\times[(8.4-0.525\times2-0.3\times2)\times2+(6.3-0.525\times2-0.3\times2)\times2+(3-0.25\times2-0.3\times2)+(3-0.3)]$	
人工挖基坑土方	m³	5.08	$[(0.9+0.1\times2)\times(0.9+0.1\times2)\times(1.2-0.15)]\times4$	
回填	m³	13.4	基础回填＋房心回填	
基础回填	m³	12.91	$19.59+5.08-4.61-3.71-0.89-0.35\times0.35\times0.35\times4-0.2\times(0.5-0.15)\times[(8.4-0.25\times2)\times2+(6.3-0.25\times2)\times2+(3-0.1\times2)+3]-(0.2\times0.2+0.03\times0.2\times3)\times(0.5-0.15)\times2-[0.2\times0.2+0.03\times0.2\times2]\times(0.5-0.15)$	
房心回填	m³	0.49	$[(8.4-0.2)\times(6.3-0.2)-(3+3-0.2)\times0.2]\times(0.15-0.14)$	
余土运输	m³	11.97	$(19.59+5.08)\times1.3-13.4\times1.5$	运距1 km
（二）基础工程				
带形基础	m³	4.61	$0.5\times0.3\times[(8.4-0.525\times2)\times2+(6.3-0.525\times2)\times2+3-0.25\times2+3]$	
独立（设备）基础	m³	3.71	$0.9\times0.9\times0.6\times4+1.39\times1.99\times0.6+0.3\times0.4\times0.45\times2$	
基础垫层	m³	0.89	$1.1\times1.1\times0.1\times4+1.59\times2.19\times0.1+0.5\times0.6\times0.1\times2$	
砖基础	m³	2.85	$0.2\times(0.5-0.06)\times[(8.4-0.25\times2)\times2+(6.3-0.25\times2)\times2+(3-0.1\times2)+3]-(0.2\times0.2+0.03\times0.2\times3)\times(0.5-0.06)\times2-(0.2\times0.2+0.03\times0.2\times2)\times(0.5-0.06)$	
带形基础模板	m³	4.61	$0.5\times0.3\times[(8.4-0.525\times2)\times2+(6.3-0.525\times2)\times2+3-0.25\times2+3]$	
独立基础模板	m³	1.94	$0.9\times0.9\times0.6\times4$	
设备基础模板	m³	1.77	$1.39\times1.99\times0.6+0.3\times0.4\times0.45\times2$	
基础垫层模板	m³	0.89	$1.1\times1.1\times0.1\times4+1.59\times2.19\times0.1+0.5\times0.6\times0.1\times2$	
（三）脚手架工程				
综合脚手架	m²	55.9	8.6×6.5	
满堂脚手架	m²	50.02	$(8.4-0.1\times2)\times(6.3-0.1\times2)$	
（四）砌筑工程				
页岩空心砖墙	m³	19.95	$24.1-1.13-0.53-2.37-0.15+(0.2\times0.2+0.03\times0.2\times3)\times(0.5-0.06)\times2-(0.2\times0.2+0.03\times0.2\times2)\times(0.5-0.06)$	

项目名称	单位	工程量	计算式	备注
外墙	m³	16.17		
A—B立面	m³	2.72	$[(6.3-0.25\times2)\times(4.75-0.6+0.06)-1.8\times1.8\times2-1.8\times0.6\times4]\times0.2$	
B—A立面	m³	4.34	$[(6.3-0.25\times2)\times(4.75-0.6+0.06)-1.8\times1.5]\times0.2$	
1—2立面	m³	4.86	$[(8.4-0.25\times2)\times(4.75-0.75+0.06)-2.1\times2.7-1\times2.1]\times0.2$	
2—1立面	m³	4.25	$[(8.4-0.25\times2)\times(4.75-0.75+0.06)-1.8\times1.8\times2-1.8\times0.6\times4]\times0.2$	
内墙	m³	4.75	$(3-0.1\times2)\times(4.75-0.2+0.06)\times0.2+[3\times(4.75-0.5+0.06)-1\times2.1]\times0.2$	
女儿墙	m³	3.18	$(8.4+6.3)\times2\times(0.6-0.06)\times0.2$	
（五）混凝土工程				
框架柱	m³	2.57	$0.35\times0.35\times(4.75+0.5)\times4$	
填充墙构造柱	m³	0.78	$(0.2\times0.2+0.03\times0.2\times3)\times(4.75+0.5-0.6)+(0.2\times0.2+0.03\times0.2\times3)\times(4.75+0.5-0.75)+(0.2\times0.2+0.03\times0.2\times2)\times(4.75+0.5-0.5)$	
女儿墙构造柱	m³	0.35	$(0.2\times0.2+0.2\times0.03)\times(0.6-0.06)\times14$	
有梁板	m³	15.97	$0.3\times0.6\times(6.3-0.25\times2)\times2+0.3\times0.75\times(8.4-0.25\times2)\times2+0.25\times0.5\times(6.3-0.2\times2)\times2+(8.4-0.2\times2-0.25\times2)\times(6.3-0.2\times2)\times0.2$	
圈梁	m³	0.53	$0.12\times0.2\times(6.3-1.5+8.4-1.8\times2+6.3-1.8\times2+8.4-2.1-1+3-0.1\times2+3-0.1\times2-1)$	
过梁	m³	2.37	$0.19\times0.2\times(0.75-0.25+1.5+0.7\times2)+0.3\times0.2\times(8.4-0.25\times2)+0.3\times0.2\times(6.3-0.25\times2)+0.3\times0.2\times(0.3-0.25+1+0.4)+0.25\times0.2\times0.4+0.3\times0.2\times(1.4+2.1+1.4)+0.3\times0.2\times(0.3-0.1+1+0.4)+0.25\times0.2\times0.4+0.19\times0.2\times(1.8+0.25\times2)\times4+0.3\times0.2\times(1.8+0.25\times2)\times4$	
压顶梁	m³	0.15	$0.08\times0.2\times(1.8+0.25\times2)\times4$	
女儿墙压顶	m³	0.35	$0.06\times0.2\times(8.4+6.3)\times2$	
雨篷	m²	7.4	$3.3\times1.3+1.6\times0.9+(3.3+1.3\times2)\times(0.24-0.06)+(1.6+0.9\times2)\times(0.24-0.06)$	
矩形柱模板	m³	2.57		

（续表）

项目名称	单位	工程量	计算式	备注
构造柱模板	m³	1.13		
有梁板模板	m³	15.97		
圈梁、过梁、压顶梁模板	m³	3.05	0.53＋2.37＋0.15	
女儿墙压顶模板	m³	0.35		
雨篷模板	m²	7.4		
（六）现浇钢筋				
KL1(1)				
上部通长筋 C16	m	27.68	（500＋6 300－500＋560）×2×2	
下部纵筋 C16	m	55.36	（560＋6 300－500＋560）×4×2	
支座负筋 C16	m	19.95	［560＋（6 300－500）/3］×2×2×2	
抗扭筋 B12	m	54.40	（500×2＋6 300－500）×4×2	
箍筋 A8	m	161.74	1.758×46×4	
单根长度	m	1.758	2×（300＋600）－8×25＋19.8×8	
根数	根	46	10×2＋26	
拉筋 A6	m	33.84	0.423×40×2	
单根长度	m	0.423	300－2×25＋2×1.9×6＋2max(10×6,75)	
根数	根	40	［(5 800－50×2)/300＋1］×2	
KL2(1)				
上部通长筋 C16	m	39.22	（560＋8 400－500＋1.4×560）×2×2	
下部纵筋 C16	m	123.34	（650＋8 400－500＋650＋1.4×770）×6×2	
支座负筋 C16	m	25.55	［560＋(8 400－500)/3］×2×2×2	
抗扭筋 B12	m	71.20	（500×2＋8 400－500）×4×2	
箍筋 A8	m	246.96	2.058×60×2	
单根长度	m	2.058	2×（300＋750）－8×25＋19.8×8	
根数	根	60	11×2＋38	
拉筋 A6	m	45.68	0.423×54×2	
单根长度	m	0.423	300－2×25＋2×1.9×6＋2max(10×6,75)	
根数	根	54	［(8400－500－50×2)/300＋1］×2	
L1(1)				
上部通长筋 C14	m	27.48	（485＋6 300＋200－600＋485）×2×2	
下部纵筋 C22	m	56.88	（605×2＋6 300＋200－600）×4×2	
箍筋 A8	m	90.40	1.458×31×2	

（续表）

项目名称	单位	工程量	计算式	备注
单根长度	m	1.458	2×(500＋250)－8×25＋19.8×8	
根数	根	31	(6 300＋200－600－50)/200＋1	
WB				
底筋 C8	m	472.2	8.3×30＋6.2×36	
X 长度	m	8.3	8 400＋200－600＋2max(300/2,5×8)	
根数	根	30	(6 500－600－200)/200＋1	
Y 长度	m	6.2	6 300＋200－600＋2max(300/2,5×8)	
根数	根	36	(8 000－200－200×2－250×2)/200＋1	
面筋 C8	m	498.66	3.235×30＋5.635×30＋6.46×36	
XC8@180 长度	m	3.236	3 000＋100－300－125＋2max(35×8,250)	
根数	根	30	(6 300＋200－600－200)/200＋1	
XC8@200 长度	m	5.635	5 400＋100－300－125＋2max(35×8,250)	
根数	根	30	(6 300＋200－600－200)/200＋1	
Y 长度	m	6.46	6 500－399×2＋2max(35×8,250)	
根数	根	36	(8 000－200－200×2－250×2)/200＋1	
KZ1				
外侧纵筋 C22	m	128.84	(25.86＋6.351)×4	
4C22	m	25.86	(100＋600－40＋5 250－600＋1 155)×4	
1C22	m	6.351	100＋600－40＋5 250－600＋1 041	
内侧纵筋 C22	m	73.79	(100＋600－40＋5 250－600＋839)×3×4	
箍筋 A8	m	403.92	2.295×44×4	
单根长度	m	2.295	1 318.4＋488.4＋488.4	
根数	根	44	16＋15＋11＋2	
设备基础 1				
底层 B16	m	29.69	1.91×8＋1.31×11	
X 长度	m	1.91	1 990－40－40	
根数	根	8	(1 390－49×2－50)/200＋1	
Y 长度	m	1.31	1 390－40×2	
根数	根	11	(1 990－40×2－50)/200＋1	
面层 C16	m	38.81	2.39×8＋1.79×11	
X 长度	m	2.39	1 990－40×2＋15×16×2	
根数	根	8	(1 390－40×2－50)/200＋1	
Y 长度	m	1.79	1 390－40×2＋15×16×2	

（续表）

项目名称	单位	工程量	计算式	备注
根数	根	11	（1 990－40×2－50）/200＋1	
设备基础2				
底层 B12	m	3.68	（0.32×3＋0.22×4）×2	
X长度	m	0.32	400－40－40	
根数	根	3	（300－40×2－50）/100＋1	
Y长度	m	0.22	300－40×2	
根数	根	4	（400－40×2＋50）/100＋1	
面层 C12	m	8.72	（0.68×3＋0.58×4）×2	
X长度	m	0.68	400－40×2＋15×12×2	
根数	根	3	（300－40×2－50）/100＋1	
Y长度	m	0.58	300－40×2＋15×12×2	
根数	根	4	（400－40×2－50）/100＋1	
构造柱				
填充墙构造柱				
纵筋 B12	m	66.54	5.562×4＋5.662×4＋5.412×4	
箍筋 A6.5	m	50.30	0.689×73	
单根长度	m	0.689	2×（200＋200）－8×30＋19.8×6.5	
根数	根	73	24＋25＋24	
屋面构造柱				
纵筋 B12	m	99.36	（540＋35×12×2）×4×18	
箍筋 A6.5	m	49.608	0.689×4×18	
单根长度	m	0.689	2×（200＋200）－8×30＋19.8×6.5	
根数	根	4	（540－50）/200＋1	
构造柱拉结筋 A6	m	109.20	2.275×2×2×8＋2.455×8＋2.105×8	
外墙 单根长度	m	2.275	200＋2×1 000＋12.5×6	
根数	根	8	［（4 750－600）－50］/600＋1	
内墙 单根长度1	m	2.445	400－30＋2×1 000＋12.5×6	
单根长度2	m	2.105	30＋2×1 000＋12.5×6	
根数	根	8	（4 750－500－50）/600＋1	
压顶				
女儿墙压顶				
纵筋 A8	m	63.95	9 044×2×2＋6 944×2×2	
拉筋 A6.5	m	46.36	0.305×152	

项目名称	单位	工程量	计算式	备注
单根长度	m	0.305	200－25×2＋23.8×6.5	
根数	根	152	43×2＋33×2	
窗台压顶				
纵筋 A8	m	58.68	1.98×2＋2.28×2×4＋2.28×2×8	
拉筋 A6.5	m	39.04	0.305×128	
单根长度	m	0.305	200－25×2＋23.8×6.5	
根数	根	128	8＋10×4＋10×8	
洞口加固				
矩形洞口				
A10	m	4.2	(450＋300×2)×2×2	
B12	m	4.58	(450＋348×2)×2×2	
圆形洞口				
A10	m	3,73	[(450＋14×2)×3.14＋1.2×300]×2	
B10	m	4.12	(450＋290×2)×2×2	
B12	m	4.58	(450＋348×2)×2×2	
圈梁				
纵筋 A10	m	155.36	(6.58＋3.43＋3.73＋3.43＋5.83＋8.86＋3.58＋3.58)×4	
箍筋 A6.5	m	79.09	0.569×139	
单根长度	m	0.569	2×(200＋120)－8×25×19.8×6.5	
根数	根	139	24＋12＋13＋12＋21＋33＋12＋12	
过梁				
A8	m	28.81	1.64＋1.88×4＋1.88×8＋2.11＋1.25	
A10	m	32.50	2.6＋2.97×12＋3.34	
B6	m	35.88	2.16＋2.52×12＋2.7＋0.39	
钢筋汇总				
A6	kg	41.919	188.724×0.006 17×62	
A6.5	kg	68.916	264.366×0.006 17×62	
A8	kg	416.383	1054,454×0.006 17×62	
A10	kg	120.807	195.798×0.006 17×62	
B6	kg	7.97	35.88×0.006 17×62	
B10	kg	2.542	4.12×0.006 17×62	
B12	kg	278.158	313.072×0.006 17×62	

项目名称	单位	工程量	计算式	备注
B16	kg	103.458	65.5×0.006 17×62	
C8	kg	383.176	970.86×0.006 17×62	
C14	kg	33.232	27.48×0.006 17×62	
C16	kg	264.965	167.75×0.006 17×62	
C22	kg	1 143.291	382.848×0.006 17×62	
（七）门窗工程				
钢栅门 M1	m²	5.67	2.1×2.7	厂家制作
夹板平开门 M2 制作	m²	2.1	1×2.1	
夹板平开门 M2 安装	m²	2.1	1×2.1	
隔声平开门 M3 制作	m²	2.1	1×2.1	
隔声平开门 M3 安装	m²	2.1	1×2.1	
5 mm 透明塑钢推拉窗 C1	m²	2.7	1.5×1.8	厂家制作
5 mm 透明塑钢推拉窗 C2	m²	12.96	1.8×1.8×4	厂家制作
白色铝合金防雨百叶 BYC1	m²	8.64	1.8×0.6×8	厂家制作
（八）楼地面工程				
C10 混凝土垫层 60 mm 厚	m³	2.93	[(8.4−0.2)×(6.3−0.2)−(3+3−0.2)×0.2]×0.06	
1∶3 水泥砂浆或 C20 细石混凝土找坡层最薄处 20 mm 厚抹平	m²	48.86	(8.4−0.2)×(6.3−0.2)−(3+3−0.2)×0.2	
C20 细石混凝土 40 mm 厚	m²	48.86	(8.4−0.2)×(6.3−0.2)−(3+3−0.2)×0.2	
水泥砂浆踢脚板	m	39.8	[(8.4−0.2)+(6.3−0.2)]×2+(3−0.2)×4	
20 mm 厚 1∶2.5 水泥砂浆找平	m²	50.02	(8.4−0.2)×(6.3−0.2)	屋面
20 mm 厚 1∶1.25 水泥砂浆保护层	m²	50.02	(8.4−0.2)×(6.3−0.2)	屋面
60 mm 厚 C15 混凝土散水面层	m²	27.45	[(8.6+0.9+6.5+0.9)×2−3.3]×0.9	
100 mm 厚碎砖(石、卵石)黏土夯实散水垫层	m²	27.45		
坡道	m²	4.95	(0.6+2.1+0.6)×1.5	

(续表)

项目名称	单位	工程量	计算式	备注
100 mm厚碎砖(石、卵石)黏土夯实坡道垫层	m²	4.95		
（九）屋面工程				
3 mm厚BAC双面自黏防水卷材	m²	57.17	$(8.4-0.2)\times(6.3-0.2)+[(8.4-0.2)+(6.3-0.2)]\times2\times0.25$	
3 mm厚改性沥青防水卷材	m²	57.17	$(8.4-0.2)\times(6.3-0.2)+[(8.4-0.2)+(6.3-0.2)]\times2\times0.25$	
聚氨酯防水层1.5 mm厚(两道)	m²	48.86	$(8.4-0.2)\times(6.3-0.2)-(3+3-0.2)\times0.2$	地面
雨篷防水层抹20 mm厚(最薄处)1：2水泥砂浆(加3%防水剂)平面	m²	5.73	$3.3\times1.3+1.6\times0.9$	
雨篷防水层抹20 mm厚(最薄处)1：2水泥砂浆(加3%防水剂)立面	m²	1.51	$[(1.3-0.115)\times2+(3.3-0.115\times2)]\times0.18+[(0.9-0.115)\times2+(1.6-0.115\times2)]\times0.18$	
屋面落水管d100	m	4.78	$4.75-0.12-(-0.15)$	
（十）防腐隔热保温工程				
1：0.2：3.5水泥粉煤灰页岩陶粒找坡(起点30 mm)	m³	4.55	最薄处0.03 m；最厚处$(6.3-0.2)\times2\%+0.03=0.152$ m 平均厚度为：$(0.03+0.152)\div2=0.091$ m $V=(8.4-0.2)\times(6.3-0.2)\times0.091=4.55$ m³	
（十一）装饰工程				
(1)混合砂浆内墙面	m²	150.84		
A—B立面	m²	18.023	$(6.3-0.2)\times(4.75-0.12)+(6.5-0.35\times2)\times(0.3-0.2)-1.8\times1.8\times2-1.8\times0.6\times4$	
B—A立面	m²	25.177	$(6.3-0.2-0.2)\times(4.75-0.12)+(6.5-0.35\times2-0.2)\times(0.3-0.2)-1.5\times1.8$	
1—2立面	m²	30.04	$(8.4-0.2-0.2)\times(4.75-0.12)+(8.6-0.35\times2-0.2)\times(0.3-0.2)-2.1\times2.7-1\times2.1$	
2—1立面	m²	27.956	$(8.4-0.2)\times(4.75-0.12)+(8.6-0.35\times2)\times(0.3-0.2)-1.8\times1.8\times2-1.8\times0.6\times4$	
隔墙	m²	49.648	$[3+3+(3-0.2)\times2]\times(4.75-0.12)-1\times2.1\times2+(3.2-0.2-0.3)\times(0.125-0.1)+(3.2-0.3)\times(0.125-0.1)$	

（续表）

项目名称	单位	工程量	计算式	备注
(2)米白色面砖外墙面	m²	116.33		
A—B立面	m²	21.375	6.5×[4.8−(−0.15)]−1.8×1.8×2−1.8× 0.6×4	
B—A立面	m²	29.475	6.5×[4.8−(−0.15)]−1.5×1.8	
1—2立面	m²	33.71	8.6×[4.8−(−0.15)]−2.1×2.7−1×2.7− 1.6×0.1−3.3×0.1	
2—1立面	m²	31.77	8.6×[4.8−(−0.15)]−1.8×1.8×2−1.8× 0.6×4	
(3)蓝灰色面砖女儿墙	m²	16.31	(8.6+6.5)×2×(5.4−4.8−0.06)	
(4)雨棚侧面贴蓝灰色面砖	m²	2.79	(3.3+1.3×2)×0.3+(1.6+0.9×2)×0.3	
(5)混合砂浆顶棚	m²	55.62	(8.4−0.2)×(6.3−0.2)−(3−0.1−0.15)× 0.25−(3−0.15+0.125)×0.2+(3.3−0.15− 0.1)×(0.5−0.12)×2+(6.3−0.3)×(0.5− 0.12)×2	
(6)雨棚底面抹混合砂浆	m²	5.73	3.3×1.3+1.6×0.9	
(7)女儿墙压顶抹灰20 mm厚1∶2.5水泥砂浆	m²	10.88	(60+260.19+50)÷1 000×(8.4+6.3)×2	
(8)内墙面刷乳胶漆	m²	150.84	同混合砂浆内墙面工程量	
(9)顶棚刷白色乳胶漆	m²	61.35	55.62+5.73	
（十二）其他工程				
建筑物垂直运输单层框架结构檐口高度4.78 m	m²	55.9	8.6×6.5	

附录1 某锅炉房建筑施工图与结构施工图

建筑施工图说明

1 项目概况

1.1 项目名称:××××工业园建设项目——锅炉房。

1.2 建设地点:重庆江津双福镇。

1.3 建设单位(顾客):××××有限公司。

1.4 建筑分类:工业单层建筑。

1.5 使用功能及组成:值班室、锅炉房。

1.6 建筑面积:55.9 m²,建筑基底面积:55.9 m²。

1.7 建筑层数:1层。

1.8 建筑高度:5.55 m。

1.9 主要结构类型:钢筋混凝土框架结构。

1.10 抗震设防烈度为:6度。

1.11 设计使用年限:50年。

1.12 建筑工程设计等级:三级。

2 墙体工程

2.1 墙身防潮:在室内地坪下约60 mm处做20 mm厚(1:2水泥砂浆,内掺占水泥用量5%的防水剂)的墙身防潮层。

2.2 墙体厚度及定位:墙体厚度除注明者外均为200 mm,轴线中分;为页岩空心砖。

3 屋面工程

3.1 防水层的设置要求

3 mm厚改性沥青防水卷材防水层,3 mm厚BAC双面自黏防水卷材;屋面防水等级为三级,耐用年限不小于15年。

3.2 本工程为建筑找坡,排水坡度详见建筑施工图。

3.3 屋面排水组织见屋顶平面图。雨水管距墙面不小于20 mm,其排水口距散水坡的高度应小于200 mm,雨水管用管箍与墙面固定。

4 门窗

4.1 门窗详见表附1.1。

4.2 除说明外所有窗均采用铝合金单层窗,立樘平外墙面。

4.3 门窗立面均表示洞口尺寸。

表附 1.1　门窗表

门窗名称	图集名称	洞口尺寸(mm)	门窗数量	备注
C1	厂家制作	1 500×1 800	1	5 mm 透明塑钢推拉窗
C2	厂家制作	1 800×1 800	4	5 mm 透明塑钢推拉窗
BYC1	厂家制作	1 800×600	4	白色铝合金防雨百叶
M1	厂家制作	2 100×2 700	1	钢栅门
M2	04J611,P6,Ya—1021	1 000×2 100	1	夹板平开门
M3	04J611,P6,Ya—1021	1 000×2 100	1	隔声平开门

注:60 系塑钢窗。

5　装修工程

5.1　外装修设计和做法详见立面图,采用部位详见各立面图。

5.2　室外雨落管采用硬质方形 PVC 塑料管,所有接管口,出水口和地漏接口等处一律采用 PVC 塑料油膏封严,外挂 PVC 雨落管的颜色同外墙面。

5.3　墙、柱面粉刷前所有阳角均做 1 500 mm 高,每边宽 60 mm,15 mm 厚,1∶2 水泥砂浆暗护角。

5.4　顶棚、地面、内墙、踢脚装修详见表附 1.2。

表附 1.2　材料及装修一览表

类别	名称	采用标准图编号	使用部位	备注
顶棚	混合砂浆喷刷白色乳胶漆顶棚	做法参 05J909,DP7,棚 6A	所有房间	
地面	细石混凝土地面	做法参 01J304,P9,10	所有房间	
内墙	混合砂浆刷乳胶漆墙面	参西南 04J515,P5,N05	所有房间	白色乳胶漆二道
踢脚	水泥砂浆踢脚板	参西南 04J312,P5,3109	所有房间	

6　建筑施工图

建筑施工图详见附图 1.1～附图 1.7。

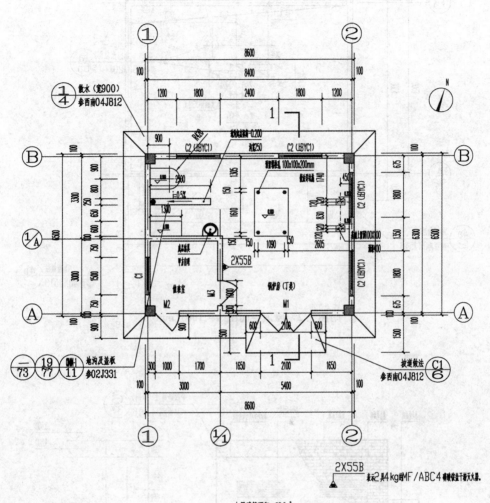

本层建筑面积：55.9m²

附图 1.1 一层平面图(1：100)(mm)

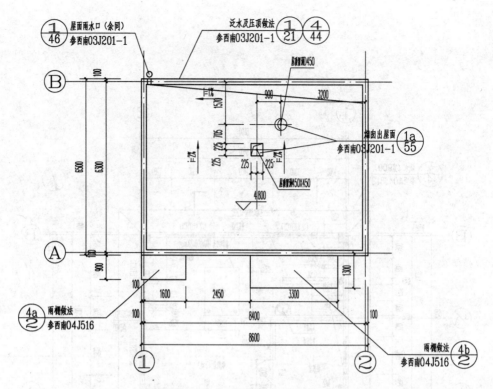

附图 1.2 屋顶平面图（1∶100）（mm）

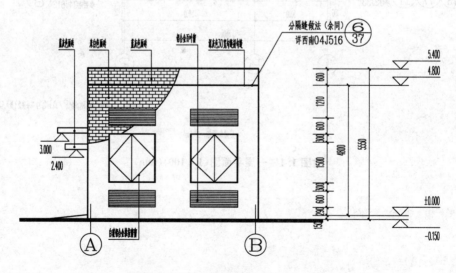

附图 1.3 Ⓐ—Ⓑ立面图（1∶100）（mm）

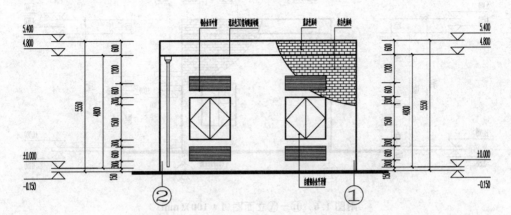

附图 1.4　②—①立面图（1：100）（mm）

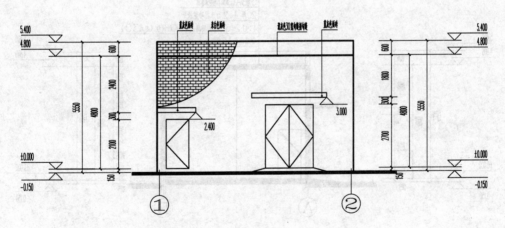

附图 1.5　①—②立面图（1：100）（mm）

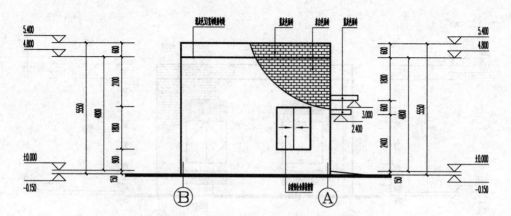

附图 1.6　Ⓑ—Ⓐ立面图（1∶100）（mm）

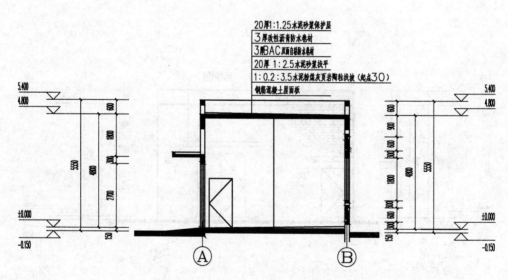

附图 1.7　①—①剖面图（1∶100）（mm）

结构施工图说明

1　概述

1.1　工程概况：本工程为地面以上一层，无地下室，框架结构。

1.2　全部尺寸均以毫米（mm）为单位，标高以米（m）为单位。

1.3　本建筑结构为混凝土框架结构，建筑结构安全等级为二级。

1.4　本地区地震基本烈度为 6 度，建筑抗震设防类别为丙类。设防烈度为 6 度，设计基本地震加速度值 0.05 g，设计地震分组为第一组，抗震等级：四级。

1.5　建筑场地类别为Ⅰ类，特征周期 0.25s。

1.6　本建筑结构设计合理使用年限为 50 年。

2　混凝土、钢材、填充墙体

2.1　混凝土

2.1.1　基础部分详见基础施工图说明。

2.1.2　主体部分混凝土强度等级见表附 1.3。

表附 1.3　柱、墙、梁、板混凝土强度等级

部位 层数	柱	剪力墙	梁、板	备注
基顶～屋面	C30		C30	

2.1.3　填充墙圈梁、构造柱为 C20，屋面构造柱、压顶梁为 C25。

2.1.4　结构混凝土环境类别

地下室底板、基础梁、地下室外墙及水池，屋面构件，雨篷为二(a)类环境，其余为一类环境。

2.2　钢材

2.2.1　钢筋采用 HPB235 级、HRB335 级、HRB400 级。钢筋的强度标准值应具有不小于 95％ 的保证率。

2.2.2　焊条：E43 型用于 HPB235 级钢筋焊接；E50 型用 HRB335、HRB400 级钢筋焊接。

2.3　填充墙体

室内地面以下墙体采用 M5 水泥砂浆、MU10 普通砖砌筑。

3　构造要求

3.1　受力钢筋的混凝土保护层厚度(mm)

基础构件详基础说明,其他部位按图集《16G101—1》相应环境取值。

3.2 钢筋锚固

3.2.1 板的底部钢筋伸过支座梁、墙中心线,且≥10 d(d 为钢筋直径)。

当为 HPB235 级钢筋时,端部加弯钩,当为 HRB335 级钢筋时,端部不加弯钩。

3.2.2 板的边支座负钢筋锚入支座未注明时,一端应伸至梁、墙外皮留保护层厚度,且不小于 L_a。

3.2.3 柱、剪力墙、梁钢筋的锚固详见图集《16G101—1》。

3.3 钢筋的连接

3.3.1 接头的形式及要求:

3.3.1.1 受力钢筋直径 d≥22 mm 时须采用机械连接,机械连接接头等级为二级。

3.3.1.2 框架梁、柱、剪力墙边缘构件内的纵向钢筋采用机械连接或等强对焊接。

3.3.2 接头位置及接头数量:

3.3.2.1 接头位置宜设置在受力较小处,在同一根钢筋及同一层竖向构件上应不超过两个接头。

3.3.2.3 同一构件中相邻纵向受力钢筋的绑扎搭接接头宜相互错开。钢筋绑扎搭接接头连接区段的长度为 1.3 倍搭接长度。

3.4 钢筋混凝土现浇板

3.4.1 板上部钢筋应在板跨中 1/3 范围内搭接,板底部钢筋应在支座处搭接。

3.4.2 当板底与梁底平时,板的下部钢筋伸入梁内时,应置于梁下部纵向钢筋之上。

3.4.3 板上孔洞应预留,避免事后凿打,结构平面图中只标出洞尺寸>300 mm 之孔洞,施工时各工种必须根据各专业图纸配合土建预留全部孔洞。当孔洞尺寸≤300 mm 时洞边不再另加钢筋,钢筋绕过洞边,不得截断,当 300 mm<洞口尺寸≤1 000 mm 时设洞边加强筋,见板配筋图。当洞口尺寸>1 000 mm 时设小梁见各施工详图。

3.4.4 楼板及梁混凝土宜一次浇筑。

3.5 梁

3.5.1 梁内箍筋采用封闭箍并做成 135°弯钩。

3.5.2 主、次梁交接处,一律在次梁位置两侧附加主梁箍筋,箍筋直径同主梁内箍筋,间距为 50 mm。每侧附加箍筋数为 3 道。当图中指明设置吊筋时,需另加吊筋。

3.5.3 主、次梁高度相同时,次梁的纵向钢筋应置于主梁纵向钢筋之上。

3.5.4 跨度大于 4 m 的梁、板应起拱 0.002 L(L 为两端支承梁的跨度或悬挑梁跨度的两倍);悬挑梁、板均应起拱,拱高不小于 20 mm。

3.5.5 非框架梁箍筋加密区按《16G101—1》取值。

3.6 柱

柱中箍筋采用封闭箍筋,并做成 135°弯钩。

3.7 填充墙

3.7.1 构造柱设置

隔墙端部(无混凝土柱墙时);隔墙墙长大于 2 倍层高及 5 m 时,宽度超过 2.4 m 的门窗洞口两侧;女儿墙、屋面构架填充墙及阳台隔墙墙长大于 2 m 时,均应设构造柱(即构造柱间距≤2 m),构造柱应锚入上下层梁板 L_a。墙顶与梁或楼板应有拉结,详《西南 05C701》(平面图中已标示构造柱以标示为准)。

3.7.2　圈梁设置

当墙高≥4 m 时应在墙高中部设一道现浇圈梁。圈梁为墙厚 X120,4A10,箍筋 Φ6.5@250。水平纵筋锚入柱、墙或构造柱内 L_a。隔墙上有洞口时加设过梁,过梁选自《03G322—2》,荷载等级为 0。

4　结构施工图

结构施工图详见附图 1.8～附图 1.20。

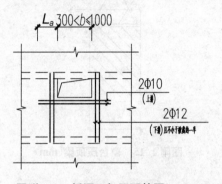

图附 1.8　板洞口加固配筋图一(mm)

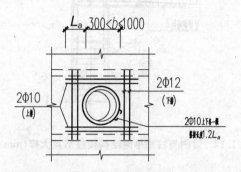

图附 1.9　板洞口加固配筋图二(mm)

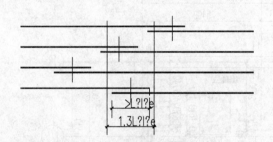

图附 1.10　同一连接区段内的纵向受拉钢筋绑扎搭接接头(mm)

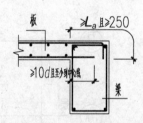

图附 1.11　板面筋锚固大样(mm)

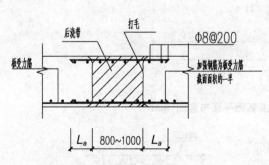

图附 1.12　楼板施工后浇带构造(mm)

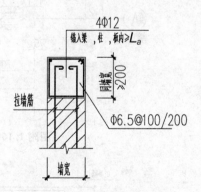

图附 1.13　构造柱大样(mm)

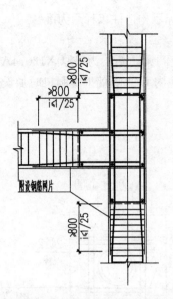

附 1.14　梁侧与柱侧平时结构梁柱节点大样（mm）

图附 1.15　窗台压顶梁（mm）

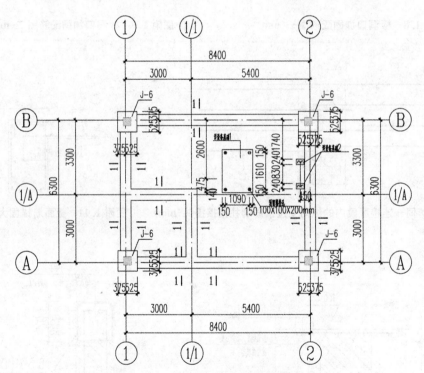

图附 1.16　锅炉房基础平面布置图（mm）

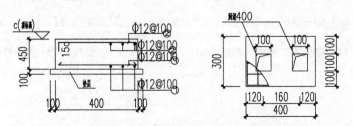

图附 1.17　设备基础大样 1（mm）

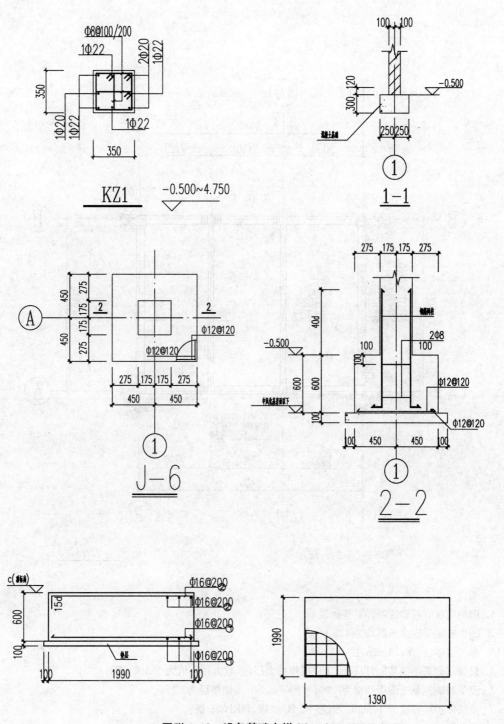

图附 1.18　设备基础大样 2（mm）

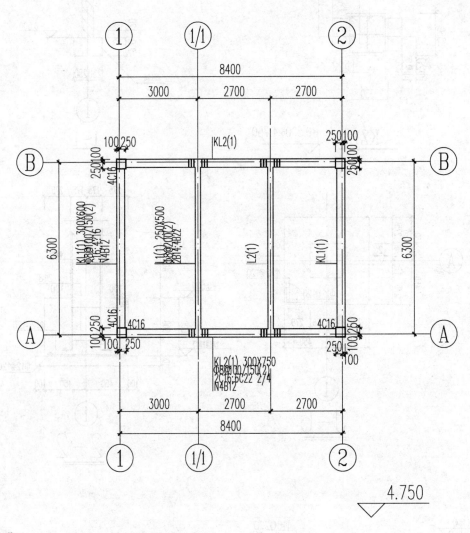

说明:

1. 锅炉房独立基础说明详见基础说明。

2. 图中未注明现浇板厚均为 120 mm。

3. 保护层厚度:梁:25 mm;柱:30 mm。

4. 设备基础采用浅基础,以强风化岩层作持力层,承载力特征值大于 300 kPa。

5. 设备基础混凝土强度等级为 C30,抗渗等级 S6;基础垫层为 C15。
   主筋保护层厚度为 40 mm。钢筋 HPB235 级、HRB335 级。

6. 设备基础应经设备方认可无误后方能施工。

7. 设备基础预留预埋应配合设备方施工;基础及钢筋应 1∶1 放样,并核对无误后方能施工。

8. 图中需封堵的管井,先预留钢筋,待管道安装完事再封闭混凝土。

图附 1.19 锅炉房屋顶板平面布置图(mm)

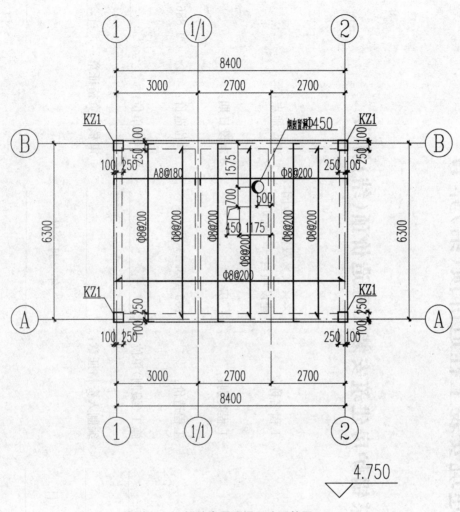

图附 1.20　锅炉房屋顶梁平法配筋图（mm）

附录 2 某锅炉房建筑安装工程造价预（结）算书

某锅炉房建筑安装工程造价预（结）算书

工程名称： ×××× 双福工业园建设项目——锅炉房　　　建设地点：

工程类别： 厂房　　　建设日期：

工程造价： 105 463. 29 元　　　单位造价： 1 886. 64 元/m²

施工（编制）单位：　　　审核单位：

编制人资格证章：　　　审核人资格证章：

年　月　日　　　　　年　月　日

建设单位：

施工单位：

工程规模： 55. 9 m²

建设（监理）单位：

审核人资格证章：

年　月　日

编 制 说 明

1. 工程概况：

(1) 工程名称：某锅炉房建筑安装工程造价预(结)算书。

(2) 建筑面积或容积：55.9 m²。

(3) 建筑层数和高度：1 层，5.55 m。

(4) 工程设计主要特点概述：本工程为单层钢筋混凝土框架结构。基础采用现浇 C30 带形基础和钢筋混凝土独立基础。设备基础采用浅基础，混凝土强度等级为 C30。在墙高中部设置混凝土圈梁一道。

2. 编制范围：建筑工程部分。

3. 编制依据：

(1) 某锅炉房建筑施工图、结构施工图。

(2) 2008 年《重庆市建筑工程计价定额》(CQJZDE—2008)。

(3) 2008 年《重庆市建设工程费用定额》(CQFYDG—2008)。

(4) 现场情况。

4. 其他说明：

双方协商按 2008 年计价定额及费用定额计算全部费用，执行人工和材料价差调整，造价不下浮。

5. 造价汇总：105 463.29 元。

工程取费表

工程名称：××××双福工业园建设项目——锅炉房

序号	费用名称	计算公式	费率（%）	金额（元）	备注
1	建筑工程	建筑工程		105 463.29	
一	直接费	直接工程费＋组织措施费＋允许按实计算费用及价差＋未计价材料		91 284.53	
1	直接工程费	人工费＋材料费＋机械费		53 728.62	
1.1	人工费	定额基价人工费＋定额人工单价（基价）调整		19 884.92	
1.1.1	定额基价人工费	人工费		9 942.46	
1.1.2	定额人工单价（基价）调整	人工费×（2－1）		9 942.46	渝建发〔2013〕51 号
1.2	材料费	材料费		32 105.18	
1.3	机械费	定额基价机械费＋机械费		1 738.52	
1.3.1	定额基价机械费	机械费		1 486.69	
1.3.1.1	定额机上人工费	定额基价机上人工费		282.96	
1.3.2	定额机上人工单价（基价）调整	定额基价机上人工费×（1.89－1）		251.83	
1.4	未计价材料	主材费＋设备费			
2	组织措施费	夜间施工费＋冬雨季施工增加费＋二次搬运费＋包干费＋已完工程及设备保护费＋工程定位复测、点交及场地清理费＋材料检验实验费		1 571.58	渝建发〔2014〕27 号文
2.1	夜间施工费	定额基价人工费＋材料费＋定额基价机械费	0.67	291.68	
2.2	冬雨季施工增加费	定额基价人工费＋材料费＋定额基价机械费	0.52	226.38	
2.3	二次搬运费	定额基价人工费＋材料费＋定额基价机械费	0.8	348.27	
2.4	包干费	定额基价人工费＋材料费＋定额基价机械费	1.2	522.41	
2.5	已完工程及设备保护费	定额基价人工费＋材料费＋定额基价机械费	0.15	65.3	

工程取费表

工程名称：××××双福工业园建设项目—锅炉房

序号	费用名称	计算公式	费率(%)	金额(元)	备注
2.6	工程定位复测、点交及场地清理费	定额基价人工费＋材料费＋定额基价机械费	0.13	56.59	
2.7	材料检验实验费	定额基价人工费＋材料费＋定额基价机械费	0.14	60.95	
3	允许按实计算费用及价差	人工费价差＋材料费价差＋定额基价机械费用＋其他		35 984.33	
3.1	人工费价差	人工价差		6 278.12	
3.2	材料费价差	材料费价差＋主材价差＋设备价差		29 395.16	
3.3	机械费价差	机械价差		311.05	
3.4	按实计算费用	按实计算费			
3.5	其他				
二	间接费	企业管理费＋规费		5 959.85	
4	企业管理费	定额基价人工费＋材料费＋定额基价机械费	8.82	3 839.73	
5	规费	定额基价人工费＋材料费＋定额基价机械费	4.87	2 120.12	
三	利润	定额基价人工费＋材料费＋定额基价机械费	2.8	1 218.96	
四	建设工程竣工档案编制费	定额基价人工费＋材料费＋定额基价机械费	0.28	121.9	渝建发[2014]27号文
五	住宅工程质量分户验收费	建筑面积×1.35		75.47	渝建[2013]19号
六	安全文明施工费	税前造价	3.37	3 324.87	渝建发[2014]26号文
七	税金	直接费＋间接费＋利润＋建设工程竣工档案编制费＋安全文明施工费＋住宅工程质量分户验收费	3.41	3 477.71	渝建发[2014]25号文
八	工程造价	直接费＋间接费＋利润＋建设工程竣工档案编制费＋安全文明施工费＋住宅工程质量分户验收费＋税金		105 463.29	
2	工程造价	专业造价总合计		105 463.29	

工程名称：××××双福工业园建设项目——锅炉房

工程预算表

序号	定额编号	项目名称	单位	工程量	单价(元)	合价(元)	人工费(元) 单价	合价	材料费(元) 单价	合价	机械费(元) 单价	合价
		01　第一章　土建工程										
		0101　第一章　土石方工程										
1	AA0003	人工挖沟槽土方(深度在 m 以内)2	100 m³	0.2	1 482.36	290.39	1 482.36	290.39				
2	AA0007	人工挖基坑土方(深度在 m 以内)2	100 m³	0.05	1 659.46	84.3	1 659.46	84.3				
3	AA0015换	单(双)轮车运土　运距50 m 以内　实际运距(m):1000	100 m³	0.12	2 119.48	253.7	2 119.48	253.7				
4	AA0018	回填　夯填土方	100 m³	0.13	829.05	111.09	646.8	86.67	3.1	0.42	179.15	24.01
5	AA0024	人工平整场地	100 m²	1.32	139.48	184.53	139.48	184.53				
		0103　第三章　基础工程										
6	AC0024	砖石基础 200 砖　水泥砂浆　M5	10 m³	0.29	1 610.41	458.97	335	95.48	1 251.84	356.77	23.57	6.72
7	AC0030	带形基础　砼　商品砼	10 m³	0.46	1 750.03	806.76	110.75	51.06	1 639.28	755.71		
8	AC0034	独立基础　砼　商品砼	10 m³	0.37	1 776.62	659.13	136.25	50.55	1 640.37	608.58		
9	AC0045	基础垫层　商品砼	10 m³	0.09	1 812.44	161.31	178	15.84	1 634.44	145.47		
10	AC0049	带形基础　砼　模板	10 m³	0.46	746.21	344	228.05	105.13	477.83	220.28	40.33	18.59
11	AC0051	独立基础　砼　模板	10 m³	0.19	455.49	88.37	139.25	27.01	294.51	57.13	21.73	4.22
12	AC0058	基础垫层　模板	10 m³	0.09	235.58	20.97	44.4	3.95	186.73	16.62	4.45	0.4
13	AC0060	设备基础　5 m³ 以内	10 m³	0.18	600.85	106.35	280.3	49.61	281.06	49.75	39.49	6.99

工程预算表

工程名称：××××双福工业园建设项目——锅炉房

序号	定额编号	项目名称	单位	工程量	单价(元)	合价(元)	人工费(元)		材料费(元)		机械费(元)	
							单价	合价	单价	合价	单价	合价
		0104 第四章 脚手架工程										
14	AD0001	单层建筑综合脚手架 檐口高度(m以内)	100 m²	0.56	381.43	213.22	126.5	70.71	223.08	124.7	31.85	17.8
15	AD0018	满堂脚手架 基本层	100 m²	0.5	395.87	198.01	234	117.05	148.6	74.33	13.27	6.64
		0105 第五章 砌筑工程										
16	AF0020	页岩空心砖墙 混合砂浆 M5	10 m³	2	1 406.12	2 805.21	337.5	673.31	1 053.1	2 100.93	15.52	30.96
		0106 第六章 混凝土及钢筋混凝土工程										
17	AF0002	矩形柱 商品砼	10 m³	0.26	1 971.58	506.7	330.25	84.87	1 641.33	421.82		
18	AF0008	构造柱 商品砼(填充墙)	10 m³	0.08	2 050.7	159.95	409.75	31.96	1 640.95	127.99		
19	AF0008	构造柱 商品砼(女儿墙)	10 m³	0.04	2 050.7	71.77	409.75	14.34	1 640.95	57.43		
20	AF0010	圈梁 商品砼	10 m³	0.05	2 039.46	108.09	385.5	20.43	1 653.96	87.66		
21	AF0010	过梁 商品砼	10 m³	0.24	2 039.46	483.35	385.5	91.36	1 653.96	391.99		
22	AF0010	圈梁(过梁) 商品砼(压顶梁)	10 m³	0.02	2 039.46	30.59	385.5	5.78	1 653.96	24.81		
23	AF0026	有梁板 商品砼	10 m³	1.6	1 814.97	2 898.51	156.25	249.53	1 658.72	2 648.98		
24	AF0034	悬挑板 商品砼(雨篷)	10 m³	0.74	186.7	138.16	9	6.66	177.7	131.5		
25	AF0048	零星构件 商品砼(女儿墙压顶)	10 m³	0.04	2 210.02	77.35	519.5	18.18	1 690.52	59.17		
26	AF0056	矩形柱 周长 2 m 以内 现浇混凝土模板	10 m³	0.26	2 164.85	556.37	981.05	252.13	1 040.24	267.34	143.56	36.89
27	AF0062	构造柱 现浇混凝土模板	10 m³	0.11	2 061.2	232.92	863	97.52	1 110.1	125.44	88.1	9.96

工程预算表

工程名称:××××双福工业园建设项目——锅炉房

序号	定额编号	项目名称	单位	工程量	单价(元)	合价(元)	人工费(元) 单价	人工费(元) 合价	材料费(元) 单价	材料费(元) 合价	机械费(元) 单价	机械费(元) 合价
28	AF0067	圈梁(过梁、压顶梁) 现浇混凝土模板	10 m³	0.31	1 946.67	593.73	544.55	166.09	1 402.12	427.65		
29	AF0073	有梁板 现浇混凝土模板	10 m³	1.61	564.35	2 498.27	676.03	1 079.62	754.62	1 205.13	133.7	213.52
30	AF0085	其他构件模板 零星构件(女儿墙压顶)	10 m³	0.04	2 457.74	86.02	1 368	47.88	1 071.6	37.51	18.14	0.63
31	AF0280	现浇钢筋 A6	t	0.04	3 035.19	127.48	223.75	9.4	2 748.84	115.45	62.6	2.63
32	AF0280	现浇钢筋 A6.5	t	0.07	3 035.19	209.43	223.75	15.44	2 748.84	189.67	62.6	4.32
33	AF0280	现浇钢筋 A8	t	0.42	3 035.19	1 262.64	223.75	93.08	2 748.84	1 143.52	62.6	26.04
34	AF0280	现浇钢筋 A10	t	0.12	3 035.19	367.26	223.75	27.07	2 748.84	332.61	62.6	7.57
35	AF0280	现浇钢筋 B6	t	0.01	3 035.19	24.28	223.75	1.79	2 748.84	21.99	62.6	0.5
36	AF0280	现浇钢筋 B10	t	0	3 035.19	9.11	223.75	0.67	2 748.84	8.25	62.6	0.19
37	AF0280	现浇钢筋 B12	t	0.28	3 035.19	843.78	223.75	62.2	2 748.84	764.18	62.6	17.4
38	AF0280	现浇钢筋 B16	t	0.1	3 035.19	312.62	223.75	23.05	2 748.84	283.13	62.6	6.45
39	AF0280	现浇钢筋 C8	t	0.38	3 035.19	1 162.48	223.75	85.7	2 748.84	1 052.81	62.6	23.98
40	AF0280	现浇钢筋 C14	t	0.03	3 035.19	100.16	223.75	7.38	2 748.84	90.71	62.6	2.07
41	AF0280	现浇钢筋 C16	t	0.27	3 035.19	804.33	223.75	59.29	2 748.84	728.44	62.6	16.59
42	AF0280	现浇钢筋 C22	t	1.14	3 035.19	3 469.22	223.75	255.75	2 748.84	3 141.92	62.6	71.55
43	BAF001	悬挑板模板 直形(雨篷)	10 m²	0.74	550.8	407.59	186	137.64	341.37	252.61	23.43	17.34

工程预算表

工程名称：××××双福工业园建设项目——锅炉房

序号	定额编号	项目名称	单位	工程量	单价(元)	合价(元)	人工费(元)		材料费(元)		机械费(元)	
							单价	合价	单价	合价	单价	合价
		0108 第八章 门窗、木结构										
44	AH0006	胶合板门制作 框断面 52 cm² 带半百页（夹板平开门）M2 制作	100 m²	0.02	8 337.54	175.09	1 114.25	23.4	6 690.34	140.5	532.95	11.19
45	AH0006	胶合板门制作 框断面 52 cm² 带半百页（隔声平开门）M3 制作	100 m²	0.02	8 337.54	175.09	1 114.25	23.4	6 690.34	140.5	532.95	11.19
46	AH0020	胶合板门 带百页（夹板平开门 M2 安装）	100 m²	0.02	1 777.18	37.32	651	13.67	1 124.94	23.62	1.24	0.03
47	AH0020	胶合板门 带百页（隔声平开门 M3 安装）	100 m²	0.02	1 777.18	37.32	651	13.67	1 124.94	23.62	1.24	0.03
48	AH0069	塑钢门窗 窗 成品安装（5 mm 透明塑钢推拉窗 C1,C2）	100 m²	0.16	7 440	1 165.1	1 560	244.3	5 880	920.81		
49	AH0070	钢门窗 门 成品安装	100 m²	0.06	7 885	447.08	1 025	58.12	6 860	388.96		
50	AH0072	金属百叶窗 成品安装（白色铝合金防雨百叶 BYC1）	100 m²	0.09	6 805	587.95	925	79.92	5 880	508.03		
		0109 第九章 楼地面工程										
51	AI0008 R×1.2	楼地面垫层 原土夯人碎石（散水垫层、坡道垫层）至防滑坡道的垫层 人工×1.2	100 m²	0.32	356.1	115.38	165.6	53.65	190.5	61.72		
52	AI0011	楼地面垫层 商品砼（C10 混凝土垫层 60 mm 厚）	10 m³	0.29	1 790.83	524.71	142.5	41.75	1 648.33	482.96		
53	AI0015	找平层 水泥砂浆 1：2.5 厚度 20 mm 在填充材料上	100 m²	0.5	612.64	306.44	200	100.04	388.49	194.32	24.15	12.08
54	AI0018 换	找平层 细石砼 厚度 30 mm 实际厚度(mm)：40 商品砼	100 m²	0.49	970.79	474.33	177.5	86.73	793.29	387.6		

工程预算表

工程名称：××××双福工业园建设项目——锅炉房

序号	定额编号	项目名称	单位	工程量	单价(元)	合价(元)	人工费(元)		材料费(元)		机械费(元)	
							单价	合价	单价	合价	单价	合价
55	AI0021换	楼地面 水泥砂浆 1∶2.5 厚度20 mm 换为【水泥砂浆(特细砂)1∶1.5】	100 m²	0.5	764.4	382.35	256.75	128.43	483.5	241.85	24.15	12.08
56	AI0027换	踢脚板 水泥砂浆 1∶2.5 厚度20 mm 换为【水泥砂浆(特细砂)1∶2】	100 m	0.4	174.6	69.49	125	49.75	46.73	18.6	2.87	1.14
57	AI0030换	楼地面混凝土面层 商品砼 厚度80 mm 实际厚度(mm):40	100 m²	0.49	1 129.08	551.67	206.5	100.9	922.58	450.77		
58	AI0116	砼排水坡 商品砼 厚度60 mm	100 m²	0.27	1 950.46	535.4	359	98.55	1 591.46	436.86		
59	AI0119换	防滑坡道 换为【水泥砂浆(特细砂)1∶2】	100 m²	0.05	888.55	43.98	359.75	17.81	504.08	24.95	24.72	1.22
	0110	第十章 屋面工程										
60	AJ0012	高分子防水卷材 干铺(屋面) 3 mm厚BAC双面自黏防水卷材	100 m²	0.57	1 786.47	1 021.32	240	137.21	1 546.47	884.12		
61	AJ0013	防水卷材 金属压条(屋面) 厚改性沥青防水卷材3 mm	100 m²	0.57	2 936.2	1 678.63	206	117.77	2 730.2	1 560.86		
62	AJ0036	涂膜防水(潮) 平面(地面两道) 平面聚氨酯防水层1.5 mm厚两道	100 m²	0.49	1 974.61	964.79	166.5	81.35	1 808.11	883.44		
63	AJ0040	防水砂浆 平面(雨蓬防水层)	100 m²	0.06	705.57	40.43	254.25	14.57	431.77	24.74	19.55	1.12
64	AJ0041	防水砂浆 立面(雨蓬防水层)	100 m²	0.02	854.7	12.91	381.5	5.76	453.65	6.85	19.55	0.3
65	AJ0079	塑料水落管 Φ100 (直径mm)	10 m	0.48	212.25	101.46	24	11.47	188.25	89.98		

工程预算表

工程名称:××××双福工业园建设项目——锅炉房

序号	定额编号	项目名称	单位	工程量	单价(元)	合价(元)	人工费(元)		材料费(元)		机械费(元)	
							单价	合价	单价	合价	单价	合价
		0111　第十一章　防腐隔热保温工程										
66	AK0136	屋面保温　水泥陶粒	10 m³	0.46	1 493.75	679.66	179.75	81.79	1314	597.87		
		0112　第十二章　装饰工程										
67	AL0006	水泥砂浆　零星项目(女儿墙压顶抹灰20 mm厚1:2.5水泥砂浆)	100 m²	0.11	1 169.4	127.23	831.5	90.47	316.63	34.45	21.27	2.31
68	AL0012	混合砂浆　墙面、墙裙(内墙面)	100 m²	1.51	654.39	987.08	343.25	517.76	288.72	435.51	22.42	33.82
69	AL0086	外墙面砖　墙面　水泥砂浆粘贴灰缝5 mm(米白色面砖外墙面)	100 m²	1.16	4 422.38	5 144.55	1 553.75	1 807.48	2 844.48	3 308.98	24.15	28.09
70	AL0086	外墙面砖　墙面　水泥砂浆粘贴灰缝5 mm(蓝灰色面砖女儿墙)	100 m²	0.16	4 422.38	721.29	1 553.75	253.42	2 844.48	463.93	24.15	3.94
71	AL0094	外墙面砖　零星项目　水泥砂浆粘贴　灰缝5 mm(雨棚侧面贴蓝灰色面砖)	100 m²	0.03	5 347.7	149.2	2 183	60.91	3 138.83	87.57	25.87	0.72
72	AL0137	天棚抹灰　砼面　混合砂浆(混合砂浆顶棚、雨棚底面抹混合砂浆)	100 m²	0.61	568.58	348.82	342.5	210.12	210.56	129.18	15.52	9.52
73	AL0247	乳胶漆　内墙面　二遍(内墙面刷乳胶漆)	100 m²	1.51	366.01	552.09	136.25	205.52	229.76	346.57		
74	AL0247换	乳胶漆　内墙面　二遍(顶棚刷白色乳胶漆)　抹灰面用于天棚项目时　材料×1.1,人工×1.3	100 m²	0.61	429.87	263.73	177.13	108.67	252.74	155.06		

工程预算表

工程名称：×××××双福工业园建设项目——锅炉房

序号	定额编号	项目名称	单位	工程量	单价(元)	合价(元)	人工费(元) 单价	人工费(元) 合价	材料费(元) 单价	材料费(元) 合价	机械费(元) 单价	机械费(元) 合价
		0113　第十三章　其他工程										
75	AM0002	建筑物垂直运输　单层　现浇框架　檐高 20 m 以内	100 m²	0.56	1 402.42	783.95					1 402.42	783.95
		合　　　计				43 534.31		9 942.46		32 105.18		1 486.69

工程主要材料用量表

工程名称:××××双福工业园建设项目——锅炉房　　　　　　　　　　第 1 页　共 1 页

序号	材料名称	单位	工程用材	临设摊消	模板摊销	脚手架摊销	合计量	单方量
1	钢材	t	2.95		0.161 5	0.029 5	3.141	0.056 2
2	其中:钢筋	t	2.95				2.95	0.052 8
3	木材	m³		2.681 3			2.681 3	0.048
4	水泥	t	7.009 1				7.009 1	0.125 4
5	标准砖	千块	6.506 6				6.506 6	0.116 4

人工、材料、机械台班用量统计表

工程名称：××××双福工业园建设项目——锅炉房

第 1 页　共 5 页

序号	编码	工、料、机名称	单位	数量	备注
1	00010101	综合工日	工日	361.714 4	
2	00010201	土石方综合工日	工日	40.890 8	
3	01010101	水泥 32.5	kg	7 009.123 6	
4	01020101@1	商品砼 C15	m³	2.957 2	
5	01020101@2	商品砼 C30	m³	27.397 2	
6	01020101@3	商品砼 C20	m³	4.705 8	
7	01020101@4	商品砼 C25	m³	0.714	
8	01020101@5	商品砼 C10	m³	2.988 6	
9	01020101@6	商品砼 C20 细石砼	m³	4.150 2	
10	01040701	沥青砂浆 1：2：7	m³	0.038 4	
11	02010103	缆风桩木	m³	0.000 6	
12	02020101	锯材	m³	1.689 2	
13	02050201	竹脚手板	m²	2.263 1	
14	03020101@10	钢筋 B10	t	0.003 1	
15	03020101@11	钢筋 B12	t	0.286 3	
16	03020101@12	钢筋 B16	t	0.106 1	
17	03020101@13	钢筋 C8	t	0.394 5	
18	03020101@14	钢筋 C14	t	0.034	
19	03020101@15	钢筋 C16	t	0.273	

人工、材料、机械台班用量统计表

工程名称：××××双福工业园建设项目——锅炉房　　　　　　　　　　　　　　　　　　　　　　　　　　　第 2 页　共 5 页

序号	编码	工、料、机名称	单位	数量	备注
20	03020101@16	钢筋 C22	t	1.177 3	
21	03020101@5	钢筋 A10	t	0.124 6	
22	03020101@6	钢筋 A6	t	0.043 3	
23	03020101@7	钢筋 A6.5	t	0.071 1	
24	03020101@8	钢筋 A8	t	0.428 5	
25	03020101@9	钢筋 B6	t	0.008 2	
26	03050109	钢丝绳 Φ8	kg	0.067 1	
27	05010101	特细砂	t	18.910 5	
28	05020205	碎石 5～40 mm	t	2.468 9	
29	05040102	标准砖 200 mm×95 mm×53 mm	千块	6.506 6	
30	05040401	页岩空心砖	m³	12.927 6	
31	05040803	陶粒	m³	5.347 2	
32	05070203	粉煤灰	kg	156.156	
33	05081101	石灰膏	m³	1.413 9	
34	06011201	钢门	m²	5.556 6	
35	06020801@1	塑钢窗 5 mm 透明塑钢推拉窗	m²	15.346 8	
36	06020901	金属百叶窗	m²	8.467 2	
37	08040301	加工铁件	kg	2.775 2	
38	09010201	电焊条	kg	21.938 4	

人工、材料、机械台班用量统计表

工程名称:××××双福工业园建设项目——钢炉房

序号	编码	工、料、机名称	单位	数量	备注
39	10010201	胶合板	m²	7.602	
40	13030301	金属压条 3 mm×30 mm	m	60.028 5	
41	14010201	单层玻璃	m²	0.196 6	
42	15020301@1	外墙面砖　米白色面砖	m²	110.059 8	
43	15020301@2	外墙面砖　蓝灰色面砖	m²	18.360 4	
44	16011401	防锈漆	kg	1.927 7	
45	16013701	乳胶漆	kg	61.895 1	
46	17010101	建筑胶	kg	3.000 6	
47	17010402	粘结胶	kg	25.726 5	
48	17010601	密封胶	kg	7.432 1	
49	17020401	粘结剂	kg	19.538 3	
50	17081901	防水粉	kg	4.023 5	
51	20022501	塑料水斗	个	0.301 1	
52	22010101@1	防水卷材　3 mm 厚 BAC 双面自粘防水卷材	m²	65.745 5	
53	22010101@2	防水卷材　3 mm 厚改性沥青防水卷材	m²	74.321	
54	22030501@1	涂膜防水材料　聚氨酯防水层	kg	176.511 6	
55	24080303@1	塑料弯管 Φ100	个	0.301 1	
56	24080705@1	塑料硬管 Φ100	m	4.933	
57	35010301	组合钢模板	kg	161.460 3	

人工、材料、机械台班用量统计表

工程名称：××××双福工业园建设项目——锅炉房

序号	编码	工、料、机名称	单位	数量	备注
58	35020101	复合木模板	m²	3.633 9	
59	35040601	支撑钢管及扣件	kg	90.276 9	
60	35060101	脚手架钢材	kg	29.540 5	
61	36030201	安全网	m²	1.816 8	
62	36290101	水	m³	42.433 1	
63	75010101	其他材料费	元	1 019.983 4	
64	75010601	五金材料费	元	17.771	
65	85011701	电动夯实机　夯能 20~62N·m	台班	1.069 3	
66	85030401	汽车式起重机 5 t	台班	0.359 4	
67	85030801	自升式塔式起重机　起重力矩(kN·m) 400 kN·m	台班	2.378	
68	85040106	载重汽车 6 t	台班	0.769	
69	85050303	单筒慢速电动卷扬机 50 kN	台班	0.486 9	
70	85060501	灰浆搅拌机 200 L	台班	2.505 5	
71	85070101	钢筋调直机　直径 40 mm	台班	0.02	
72	85070201	钢筋切断机　直径 40 mm	台班	0.286 4	
73	85070301	钢筋弯曲机　直径 40 mm	台班	0.658 8	
74	85070601	木工圆锯机 Φ500	台班	0.380 9	
75	85070802	木工平刨床　刨削宽度 500 mm	台班	0.108 4	
76	85070903	木工压刨床　刨削宽度三面 400 mm	台班	0.103 4	

人工、材料、机械台班用量统计表

工程名称：××××双福工业园建设项目——锅炉房

第 5 页　共 5 页

序号	编码	工、料、机名称	单位	数量	备注
77	85071001	木工开榫机　榫头长度 160 mm	台班	0.138 6	
78	85071101	木工打眼机 MK212	台班	0.152	
79	85071201	木工裁口机　宽度多面 400 mm	台班	0.044 2	
80	85090203	直流弧焊机 32 kW	台班	1.148 4	
81	85090301	对焊机 75kV·A	台班	0.220 3	
82	ACF	安拆费及场外运费	元	31.654 5	
83	CY	柴油	kg	25.561 6	
84	DIAN	电	kW·h	537.355 3	
85	DXLF	大修理费	元	71.088 2	
86	JCXLF	经常修理费	元	188.921 2	
87	QTFY	其他费用	元	60.777 1	
88	QY	汽油	kg	8.374	
89	RG	人工	工日	10.103 5	
90	ZJF	折旧费	元	439.886 1	

人工费、材料费、机械费价差调整表

工程名称：××××双福工业园建设项目——锅炉房

第1页　共3页

序号	编码	材料名称	规格	单位	数量	基价(元)	基价合计(元)	市场价(元)	单价差(元)	价差合计(元)	备注
一		人工费价差		元							
1	00010101	综合工日		工日	361.714	50	18 085.72	66	16	5 787.430 4	
2	00010201	土石方综合工日		工日	40.890 8	44	1 799.2	56	12	490.689 6	
		合计								627 8.12	
二		材料费价差		元							
1	05040102	标准砖	200 mm×95 mm×53 mm	千块	6.506 6	130	845.86	424	294	1 912.940 4	
2	22010101@1	防水卷材	3 mm厚BAC双面自粘防水卷材	m²	65.745 5	12	788.95	29.27	17.27	1 135.424 785	
3	22010101@2	防水卷材	3 mm厚改性沥青防水卷材	m²	74.321	12	891.85	25.21	13.21	981.780 41	
4	03020101@10	钢筋	B10	t	0.003 1	2 600	8.06	3 111	511	1.584 1	
5	03020101@11	钢筋	B12	t	0.286 3	2 600	744.38	3 119	519	148.589 7	
6	03020101@12	钢筋	B16	t	0.106 1	2 600	275.86	3 009	409	43.394 9	
7	03020101@14	钢筋	C14	t	0.034	2 600	88.4	3 239	639	21.726	
8	03020101@15	钢筋	C16	t	0.273	2 600	709.8	3 162	562	153.426	
9	03020101@16	钢筋	C22	t	1.177 3	2 600	3 060.98	3 162	562	661.642 6	
10	03020101@5	钢筋	A10	t	0.124 6	2 600	323.96	3 051	451	56.194 6	
11	03020101@6	钢筋	A6	t	0.043 3	2 600	112.58	3 094	494	21.390 2	

人工费、材料费、机械费价差调整表

工程名称：××××双福工业园建设项目——锅炉房

序号	编码	材料名称	规格	单位	数量	基价（元）	基价合计（元）	市场价（元）	单价差（元）	价差合计（元）	备注
12	03020101@7	钢筋	A6.5	t	0.0711	2 600	184.86	3 094	494	35.123 4	
13	03020101@8	钢筋	A8	t	0.428 5	2 600	1 114.1	3 051	451	193.253 5	
14	03050109	钢丝绳	Φ8	kg	0.067 1	5	0.34	5.94	0.94	0.063 074	
15	08040301	加工铁件		kg	2.775 2	4	11.1	4.359	0.359	0.996 296 8	
16	10010201	胶合板		m²	7.602	15	114.03	20.94	5.94	45.155 88	
17	02020101	锯材		m³	1.689 2	850	1 435.82	1 456	606	1 023.655 2	
18	01020101@1	商品砼	C15	m³	2.957 2	160	473.15	317	157	464.280 4	
二		材料费价差		元							
19	01020101@2	商品砼	C30	m³	27.397 2	160	4 383.55	345	185	5 068.482	
20	01020101@3	商品砼	C20	m³	4.705 8	160	752.93	317	157	738.810 6	
21	01020101@4	商品砼	C25	m³	0.714	160	114.24	329	169	120.666	
22	01020101@5	商品砼	C10	m³	2.988 6	160	478.18	317	157	469.210 2	
23	01020101@6	商品砼	C20细石砼	m³	4.150 2	160	664.03	329	169	701.383 8	
24	01010101	水泥	32.5	kg	7 009.12	0.25	1 752.28	0.357	0.107	749.976 225 2	
25	06020801@1	塑钢窗	5 mm 透明塑钢推拉窗	m²	15.346 8	60	920.81	205.13	145.13	2 227.281 084	
26	05020205	碎石		t	2.468 9	25	61.72	66	41	101.224 9	
27	05040803	陶粒	5~40 mm	m³	5.347 2	68.85	368.15	264.96	196.11	1 048.639 392	

人工费、材料费、机械费价差调整表

工程名称：××××双福工业园建设项目——锅炉房

第 3 页　共 3 页

序号	编码	材料名称	规格	单位	数量	基价(元)	基价合计(元)	市场价(元)	单价差(元)	价差合计(元)	备注
28	05010101	特细砂		t	18.910 5	25	472.76	78	53	1 002.256 5	
29	22030501@1	涂膜防水材料	聚氨酯防水层	kg	176.512	5	882.56	12.37	7.37	1 300.890 492	
30	15020301@1	外墙面砖	米白色面砖	m²	110.06	25	2 751.5	77.89	52.89	5 821.062 822	
31	15020301@2	外墙面砖	蓝灰色面砖	m²	18.360 4	25	459.01	77.89	52.89	971.081 556	
32	05040401	页岩空心砖		m³	12.927 6	95	1 228.12	246	151	1 952.067 6	
33	35010301	组合钢模板		kg	161.46	3.5	565.11	4.872	1.372	221.523 531 6	
		合计								29 395.178 15	
三		机械费价差		元							
1	CY	柴油		kg	25.561 6	2.5	63.9	5.83	3.33	85.120 128	
2	QY	汽油		kg	8.374	3	25.12	6.96	3.96	33.161 04	
3	RG	人工		工日	10.103 5	52.92	534.68	72	19.08	192.774 78	
		合计								311.055 948	

工料汇总表

工程名称：××××工业园建设项目——锅炉房

序号	材料名称及规格	单位	数量	预算价	合计
一、	建筑工程				
	人工				
1	综合工日	工日	361.71	25	9 042.86
2	土石方综合工日	工日	40.89	22	899.6
二、	材料				
1	水泥32.5	kg	7 009.12	0.25	1 752.28
2	商品砼C15	m³	2.96	160	473.15
3	商品砼C30	m³	27.4	160	4 383.55
4	商品砼C20	m³	4.71	160	752.93
5	商品砼C25	m³	0.71	160	114.24
6	商品砼C10	m³	2.99	160	478.18
7	商品砼C20细石砼	m³	4.15	160	664.03
8	沥青砂浆1:2:7	m³	0.04	808.17	31.03
9	缆风桩木	m³	0	600	0.36
10	锯材	m³	1.69	850	1 435.82
11	竹脚手板	m²	2.26	25	56.58
12	钢筋B10	t	0	2 600	8.06
13	钢筋B12	t	0.29	2 600	744.38
14	钢筋B16	t	0.11	2 600	275.86
15	钢筋C8	t	0.39	2 600	1 025.7

工料汇总表

工程名称:××××工业园建设项目——锅炉房

序号	材料名称及规格	单位	数量	预算价	合计
16	钢筋 C14	t	0.03	2 600	88.4
17	钢筋 C16	t	0.27	2 600	709.8
18	钢筋 C22	t	1.18	2 600	3 060.98
19	钢筋 A10	t	0.12	2 600	323.96
20	钢筋 A6	t	0.04	2 600	112.58
21	钢筋 A6.5	t	0.07	2 600	184.86
22	钢筋 A8	t	0.43	2 600	1 114.1
23	钢筋 B6	t	0.01	2 600	21.32
二、	材料				
24	钢丝绳 Φ8	kg	0.07	5	0.34
25	特细砂	t	18.91	25	472.76
26	碎石 5~40 mm	t	2.47	25	61.72
27	标准砖 200 mm×95 mm×53 mm	千块	6.51	130	845.86
28	页岩空心砖	m³	12.93	95	1 228.12
29	陶粒	m³	5.35	68.85	368.15
30	粉煤灰	kg	156.16	0.15	23.42
31	石灰膏	m³	1.41	70	98.97
32	钢门	m²	5.56	70	388.96
33	塑钢窗 5 mm 透明塑钢推拉窗	m²	15.35	60	920.81
34	金属百叶窗	m²	8.47	60	508.03

工料汇总表

工程名称:×××工业园建设项目——锅炉房

序号	材料名称及规格	单位	数量	预算价	合计
35	加工铁件	kg	2.78	4	11.1
36	电焊条	kg	21.94	6.3	138.21
37	胶合板	m²	7.6	15	114.03
38	金属压条 3 mm×30 mm	m	60.03	1.5	90.04
39	单层玻璃	m²	0.2	15	2.95
40	外墙面砖米白色面砖	m²	110.06	25	2 751.5
41	外墙面砖蓝灰色面砖	m²	18.36	25	459.01
42	防锈漆	kg	1.93	12.5	24.1
43	乳胶漆	kg	61.9	8	495.16
44	建筑胶	kg	3	1.8	5.4
45	黏结胶	kg	25.73	12.5	321.58
46	密封胶	kg	7.43	19.97	148.42
47	黏结剂	kg	19.54	3.5	68.38
48	防水粉	kg	4.02	1.29	5.19
49	塑料水斗	个	0.3	20	6.02
50	防水卷材 3 mm 厚 BAC 双面自粘防水卷材	m²	65.75	12	788.95
51	防水卷材 3 mm 厚改性沥青防水卷材	m²	74.32	12	891.85
52	涂膜防水材料聚氨酯防水层	kg	176.51	5	882.56
53	塑料弯管 Φ100	个	0.3	8	2.41
54	塑料硬管 Φ100	m	4.93	15	74

工料汇总表

工程名称:××××工业园建设项目——锅炉房

序号	材料名称及规格	单位	数量	预算价	合计
55	组合钢模板	kg	161.46	3.5	565.11
56	复合木模板	m²	3.63	15	54.51
57	支撑钢管及扣件	kg	90.28	2.9	261.8
58	脚手架钢材	kg	29.54	2.9	85.67
59	安全网	m²	1.82	3	5.45
60	水	m³	42.43	2	84.87
61	其他材料费	元	1 019.98	1	1 019.98
62	五金材料费	元	17.77	1	17.77
三、	机械				
1	电动夯实机夯能 20~62 N·m	台班	1.07	22.45	24.01
2	汽车式起重机 5 t	台班	0.36	338.17	121.54
3	自升式塔式起重机起重力矩(kNm) 400 kN·m	台班	2.38	329.67	783.96
4	载重汽车 6 t	台班	0.77	265.39	204.08
5	单筒慢速电动卷扬机 50 kN	台班	0.49	78.66	38.3
6	灰浆搅拌机 200 L	台班	2.51	57.49	144.04
7	钢筋调直机直径 40 mm	台班	0.02	34.08	0.68
8	钢筋切断机直径 40 mm	台班	0.29	36.64	10.49
9	钢筋弯曲机直径 40 mm	台班	0.66	21.71	14.3
10	木工圆锯机 Φ500	台班	0.38	21.45	8.17
11	木工平刨床刨削宽度 500 mm	台班	0.11	26.14	2.83

工料汇总表

工程名称：××××工业园建设项目——锅炉房

第 5 页　共 5 页

序号	材料名称及规格	单位	数量	预算价	合计
12	木工压刨床刨削宽度三面 400 mm	台班	0.1	74.65	7.72
13	木工开榫机榫头长度 160 mm	台班	0.14	56.64	7.85
14	木工打眼机 MK212	台班	0.15	11.33	1.72
15	木工裁口机宽度多面 400 mm	台班	0.04	33.6	1.49
16	直流弧焊机 32 kW	台班	1.15	81.69	93.81
17	对焊机 75 kV·A	台班	0.22	98.39	21.68
18	安拆费及场外运费	元	31.65	1	31.65
19	柴油	kg	25.56	2.5	63.9
20	电	kwh	537.36	0.6	322.41
21	大修理费	元	71.09	1	71.09
22	经常修理费	元	188.92	1	188.92
23	其他费用	元	60.78	1	60.78
24	汽油	kg	8.37	3	25.12
25	人工	工日	10.1	28	282.9
26	折旧费	元	439.89	1	439.89
	合计				43 534.43

子目综合单价表

工程名称：×××工业园建设项目—锅炉房

序号	定额编号	子目名称	工程量		子目直接费(元)		综合报价(元)	
			单位	数量	单价	合价	单价	合价
1	AA0003	人工挖沟槽土方(深度在 2 m 以内)	100 m³	0.195 9	1 482.36	290.39		
2	AA0007	人工挖基坑土方(深度在 2 m 以内)	100 m³	0.050 8	1 659.46	84.3		
3	AA0015 换	单(双)轮车运土 运距 50 m 以内实际运距(m):1 000	100 m³	0.119 7	2 119.48	253.7		
4	AA0018	回填 夯填土方	100 m³	0.134	829.05	111.09		
5	AA0024	人工平整场地	100 m²	1.323	139.48	184.53		
6	AC0024	砖形基础 200 mm 砖 水泥砂浆 M5	10 m³	0.285	1 610.41	458.97		
7	AC0030	带形基础 商品砼	10 m³	0.461	1 750.03	806.76		
8	AC0034	独立基础 砼 商品砼	10 m³	0.371	1 776.62	659.13		
9	AC0045	基础垫层 商品砼	10 m³	0.089	1 812.44	161.31		
10	AC0049	带形基础 砼 模板	10 m³	0.461	746.21	344		
11	AC0051	独立基础 砼 模板	10 m³	0.194	455.49	88.37		
12	AC0058	基础垫层 模板	10 m³	0.089	235.58	20.97		
13	AC0060	设备基础 5 m³ 以内 商品砼	10 m³	0.177	600.85	106.35		
14	AD0001	单层建筑综合脚手架 檐口高度(6 m 以内)	100 m²	0.559	381.43	213.22		
15	AD0018	满堂脚手架 基本层	100 m²	0.500 2	395.87	198.01		
16	AE0020	页岩空心砖墙 混合砂浆 M5	10 m³	1.995	1 406.12	2 805.21		
17	AF0002	矩形柱 商品砼	10 m³	0.257	1 971.58	506.7		
18	AF0008	构造柱 商品砼(填充墙)	10 m³	0.078	2 050.7	159.95		
19	AF0008	构造柱 商品砼(女儿墙)	10 m³	0.035	2 050.7	71.77		

子目综合单价表

工程名称：×××工业园建设项目—锅炉房

序号	定额编号	子目名称	工程量		子目直接费（元）		综合报价（元）	
			单位	数量	单价	合价	单价	合价
20	AF0010	圈梁　商品砼	10 m³	0.053	2 039.46	108.09		
21	AF0010	过梁　商品砼	10 m³	0.237	2 039.46	483.35		
22	AF0010	圈梁（过梁）　商品砼（压顶梁）	10 m³	0.015	2 039.46	30.59		
23	AF0026	有梁板　商品砼	10 m³	1.597	1 814.97	2 898.51		
24	AF0034	悬挑板　商品砼（雨篷）	10 m²	0.74	186.7	138.16		
25	AF0048	零星构件　商品砼（女儿墙压顶）	10 m³	0.035	2210.02	77.35		
26	AF0056	矩形柱　周长 2 m 以内　现浇混凝土模板	10 m³	0.257	2 164.85	556.37		
27	AF0062	构造柱　现浇混凝土模板	10 m³	0.113	2 061.2	232.92		
28	AF0067	圈梁（过梁,压顶梁）　现浇混凝土模板	10 m³	0.305	1 946.67	593.73		
29	AF0073	有梁板　现浇混凝土模板	10 m³	1.597	1 564.35	2 498.27		
30	AF0085	其他构件模板　零星构件（女儿墙压顶）	10 m³	0.035	2 457.74	86.02		
31	AF0280	现浇钢筋 A6	t	0.042	3 035.19	127.48		
32	AF0280	现浇钢筋 A6.5	t	0.069	3 035.19	209.43		
33	AF0280	现浇钢筋 A8	t	0.416	3 035.19	1 262.64		
34	AF0280	现浇钢筋 A10	t	0.121	3 035.19	367.26		
35	AF0280	现浇钢筋 B6	t	0.008	3 035.19	24.28		
36	AF0280	现浇钢筋 B10	t	0.003	3 035.19	9.11		
37	AF0280	现浇钢筋 B12	t	0.278	3 035.19	843.78		
38	AF0280	现浇钢筋 B16	t	0.103	3 035.19	312.62		

子目综合单价表

工程名称：×××工业园建设项目—锅炉房

第3页 共5页

序号	定额编号	子目名称	工程量 单位	工程量 数量	子目直接费(元) 单价	子目直接费(元) 合价	综合报价(元) 单价	综合报价(元) 合价
39	AF0280	现浇钢筋 C8	t	0.383	3 035.19	1 162.48		
40	AF0280	现浇钢筋 C14	t	0.033	3 035.19	100.16		
41	AF0280	现浇钢筋 C16	t	0.265	3 035.19	804.33		
42	AF0280	现浇钢筋 C22	t	1.143	3 035.19	3 469.22		
43	BAF001	悬挑板模板 直形(雨篷)	10 m²	0.74	550.8	407.59		
44	AH0006	胶合板门制作 框断面 52 cm² 带半百页(夹板平开门 M2 制作)	100 m²	0.021	8 337.54	175.09		
45	AH0006	胶合板门制作 框断面 52 cm² 带半百页(隔声平开门 M3 制作)	100 m²	0.021	8 337.54	175.09		
46	AH0020	胶合板门 带百页(夹板平开门 M2 安装)	100 m²	0.021	1 777.18	37.32		
47	AH0020	胶合板门 带百页(隔声平开门 M3 安装)	100 m²	0.021	1 777.18	37.32		
48	AH0069	塑钢门窗 窗 成品安装(5 mm 透明塑钢推拉窗 C1,C2)	100 m²	0.156 6	7 440	1 165.1		
49	AH0070	钢门窗 门 成品安装	100 m²	0.056 7	7 885	447.08		
50	AH0072	金属百叶窗 成品安装(白色铝合金防雨百叶 BYC1)	100 m²	0.086 4	6 805	587.95		
51	AI0008 R×1.2	楼地面垫层 原土夯入碎石(散水垫层,坡道垫层 人工×1.2) 垫层散水,台阶,防滑坡道的垫层	100 m²	0.324	356.1	115.38		
52	AI0011	楼地面垫层 砼 商品砼(C10 混凝土垫层 60 厚)	10 m³	0.293	1 790.83	524.71		
53	AI0015	找平层 水泥砂浆 1:2.5 厚度 20 mm 在填充材料上	100 m²	0.500 2	612.64	306.44		
54	AI0018 换	找平层 细石砼 厚度 30 mm 商品砼 实际厚度(40 mm)	100 m²	0.488 6	970.79	474.33		

子目综合单价表

工程名称：×××工业园建设项目—锅炉房

第 4 页 共 5 页

序号	定额编号	子目名称	工程量		子目直接费（元）		综合报价（元）	
			单位	数量	单价	合价	单价	合价
55	AI0021换	楼地面 水泥砂浆1:2.5 厚度20 mm 换为【水泥砂浆（特细砂）1:1.5】	100 m²	0.500 2	764.4	382.35		
56	AI0027换	踢脚板 水泥砂浆1:2.5 厚度20 mm 换为【水泥砂浆（特细砂）1:2】	100 m	0.398	174.6	69.49		
57	AI0030换	楼地面混凝土面层 商品砼 厚度80 mm 实际厚度（40 mm）	100 m²	0.488 6	1 129.08	551.67		
58	AI0116	砼排水坡 商品砼 厚度60 mm	100 m²	0.274 5	1 950.46	535.4		
59	AI0119换	防滑坡道 换为【水泥砂浆（特细砂）1:2】	100 m²	0.049 5	888.55	43.98		
60	AJ0012	高分子防水卷材 干铺（屋面3 mm厚BAC双面自粘防水卷材）	100 m²	0.571 7	1 786.47	1 021.32		
61	AJ0013	防水卷材 金属压条（屋面3 mm厚改性沥青防水卷材）	100 m²	0.571 7	2 936.2	1 678.63		
62	AJ0036	涂膜防水（潮） 平面（地面聚氨酯防水层1.5 mm厚）两道	100 m²	0.488 6	1 974.61	964.79		
63	AJ0040	防水砂浆 平面（雨篷防水层）	100 m²	0.057 3	705.57	40.43		
64	AJ0041	防水砂浆 立面（雨篷防水层）	100 m²	0.015 1	854.7	12.91		
65	AJ0079	塑料水落管（直径 mm） Φ100	10 m	0.478	212.25	101.46		
66	AK0136	屋面保温 水泥陶粒	10 m³	0.455	1 493.75	679.66		
67	AL0006	水泥砂浆 零星项目（女儿墙压顶抹灰20 mm 厚1:2.5 水泥砂浆）	100 m²	0.108 8	1 169.4	127.23		
68	AL0012	混合砂浆 墙面,墙裙 砖墙（内墙）	100 m²	1.508 4	654.39	987.08		
69	AL0086	外墙面砖 墙面 水泥砂浆粘贴 灰缝5 mm（米白色面砖外墙面）	100 m²	1.163 3	4 422.38	5 144.55		

子目综合单价表

工程名称:×××工业园建设项目—锅炉房

序号	定额编号	子目名称	工程量		子目直接费(元)		综合报价(元)	
			单位	数量	单价	合价	单价	合价
70	AL0086	外墙面砖 墙面 水泥砂浆黏贴 灰缝 5 mm(蓝灰色面砖女儿墙)	100 m²	0.163 1	4 422.38	721.29		
71	AL0094	外墙面砖 零星项目 水泥砂浆 黏贴 灰缝 5 mm (雨棚侧面贴蓝灰色面砖)	100 m²	0.027 9	5 347.7	149.2		
72	AL0137	天棚抹灰 砼面 混合砂浆(混合砂浆顶棚、雨棚底面抹混合砂浆)	100 m²	0.613 5	568.58	348.82		
73	AL0247	乳胶漆 内墙面 二遍(内墙面刷乳胶漆)	100 m²	1.508 4	366.01	552.09		
74	AL0247换	乳胶漆 内墙面 二遍(顶棚刷白色乳胶漆)抹灰面用于天棚项目时 材料×1.1,人工×1.3	100 m²	0.613 5	429.87	263.73		
75	AM0002	建筑物垂直运输 现浇框架 单层 檐高 20 m 以内	100 m²	0.559	1 402.42	783.95		
	合计					43 534.31		

子目综合单价分析表

工程名称：×××工业园建设项目—锅炉房

序号	编码	工程分部分项名称	单位	工程量	综合单价	综合合价	单价分析								利润	安全文明施工费	定额测定费	税金
							直接成本					间接成本						
							定额人工费以及调整	定额材料费以及调整	定额机械费以及调整	组织措施费	小计	企业管理费	规费	小计				
1	AA0003	人工挖沟槽土方（深度在 2 m 以内）	100 m³	0.195 9			1 482.36				1 482.36							
2	AA0007	人工挖基坑土方（深度在 2 m 以内）	100 m³	0.050 8			1 659.46				1 659.46							
3	AA0015 换	单（双）轮车运土 运距 50 m 以内 实际运距(m):1 000	100 m³	0.119 7			2 119.48				2 119.48							
4	AA0018	回填 夯填土方	100 m³	0.134			646.8	3.1	179.15		829.05							
5	AA0024	人工平整场地	100 m²	1.323			139.48				139.48							
6	AC0024	砖石基础 200 mm 砖 水泥砂浆 M5	10 m³	0.285			335	1 251.84	23.57		1 610.41							
7	AC0030	带形基础 商品砼	10 m³	0.461			110.75	1 639.28			1 750.03							
8	AC0034	独立基础 商品砼	10 m³	0.371			136.25	1 640.37			1 776.62							
9	AC0045	基础垫层 商品砼	10 m³	0.089			178	1 634.44			1 812.44							
10	AC0049	带形基础模板	10 m³	0.461			228.05	477.83	40.33		746.21							

子目综合单价分析表

工程名称：×××工业园建设项目—锅炉房

序号	编码	工程分部分项名称	单位	工程量	综合单价	综合合价	单价分析								利润	安全文明施工费	定额测定费	税金
							直接成本					间接成本						
							定额人工费以及调整	定额材料费以及调整	定额机械费以及调整	组织措施费	小计	企业管理费	规费	小计				
11	AC0051	独立基础 砼 模板	10 m³	0.194			139.25	294.51	21.73		455.49							
12	AC0058	基础垫层 模板	10 m³	0.089			44.4	186.73	4.45		235.58							
13	AC0060	设备基础 5 m³ 以内	10 m³	0.177			280.3	281.06	39.49		600.85							
14	AD0001	单层建筑综合脚手架 檐口高度(6 m 以内)	100 m²	0.559			126.5	223.08	31.85		381.43							
15	AD0018	满堂脚手架 基本层	100 m²	0.500 2			234	148.6	13.27		395.87							
16	AE0020	页岩空心砖墙 混合砂浆 M5	10 m³	1.995			337.5	1 053.1	15.52		1 406.12							
17	AF0002	矩形柱 商品砼	10 m³	0.257			330.25	1 641.33			1 971.58							
18	AF0008	构造柱 (填充墙) 商品砼	10 m³	0.078			409.75	1 640.95			2 050.7							
19	AF0008	构造柱 (女儿墙) 商品砼	10 m³	0.035			409.75	1 640.95			2 050.7							
20	AF0010	圈梁 商品砼	10 m³	0.053			385.5	1 653.96			2 039.46							
21	AF0010	过梁 商品砼	10 m³	0.237			385.5	1 653.96			2 039.46							

建筑工程定额与预算

子目综合单价分析表

工程名称：×××工业园建设项目—锅炉房

序号	编码	工程分部分项名称	单位	工程量	综合单价	综合合价	定额人工费以及调整	定额材料费以及调整	定额机械费以及调增	组织措施费	小计	企业管理费	规费	小计	利润	安全文明施工费	定额测定费	税金
									直接成本				间接成本					
													单价分析					
22	AF0010	圈梁（过梁）商品砼（压顶梁）	10 m³	0.015			385.5	1 653.96			2 039.46							
23	AF0026	有梁板 商品砼	10 m³	1.597			156.25	1 658.72			1 814.97							
24	AF0034	悬挑板 商品砼（雨蓬）	10 m²	0.74			9	177.7			186.7							
25	AF0048	零星构件	10 m³	0.035			519.5	1 690.52			2 210							
		商品砼（女儿墙压顶）										2						
26	AF0056	矩形柱 周长 2 m 以内 现浇混凝土模板	10 m³	0.257			981.05	1 040.24	143.56		2 164.85							
27	AF0062	构造柱 现浇混凝土模板	10 m³	0.113			863	1 110.1	88.1		2 061.2							
28	AF0067	圈梁（过梁、压顶梁）现浇混凝土模板	10 m³	0.305			544.55	1 402.12			1 946.67							
29	AF0073	有梁板 现浇混凝土模板	10 m³	1.597			676.03	754.62	133.7		1 564.35							

子目综合单价分析表

工程名称：×××工业园建设项目—锅炉房

序号	编码	工程分部分项名称	单位	工程量	综合单价	综合合价	单价分析								利润	安全文明施工费	定额测定费	税金
							直接成本					间接成本						
							定额人工费以及调整	定额材料费以及调整	定额机械费以及调增	组织措施费	小计	企业管理费	规费	小计				
30	AF0085	其他构件模板 星形构件(女儿墙压顶) 零	10 m³	0.035			1 368	1 071.6	18.14		2 457.74							
31	AF0280	现浇钢筋 A6	t	0.042			223.75	2 748.84	62.6		3 035.19							
32	AF0280	现浇钢筋 A6.5	t	0.069			223.75	2 748.84	62.6		3 035.19							
33	AF0280	现浇钢筋 A8	t	0.416			223.75	2 748.84	62.6		3 035.19							
34	AF0280	现浇钢筋 A10	t	0.121			223.75	2 748.84	62.6		3 035.19							
35	AF0280	现浇钢筋 B6	t	0.008			223.75	2 748.84	62.6		3 035.19							
36	AF0280	现浇钢筋 B10	t	0.003			223.75	2 748.84	62.6		3 035.19							
37	AF0280	现浇钢筋 B12	t	0.278			223.75	2 748.84	62.6		3035.19							
38	AF0280	现浇钢筋 B16	t	0.103			223.75	2 748.84	62.6		3 035.19							
39	AF0280	现浇钢筋 C8	t	0.383			223.75	2 748.84	62.6		3 035.19							
40	AF0280	现浇钢筋 C14	t	0.033			223.75	2 748.84	62.6		3 035.19							
41	AF0280	现浇钢筋 C16	t	0.265			223.75	2 748.84	62.6		3 035.19							
42	AF0280	现浇钢筋 C22	t	1.143			223.75	2 748.84	62.6		3 035.19							
43	BAF001	悬挑板模板(雨篷) 直形	10 m²	0.74			186	341.37	23.43		550.8							

子目综合单价分析表

工程名称：×××工业园建设项目—锅炉房

序号	编码	工程分部分项名称	单位	工程量	综合单价	综合合价	单价分析											
							直接成本					间接成本			利润	安全文明施工费	定额测定费	税金
							定额人工费以及调整	定额材料费以及调整	定额机械费以及调增	组织措施费	小计	企业管理费	规费	小计				
44	AH0006	胶合板门制作 框断面 52 cm² 带半百页（夹板平开门 M2 制作）	100 m²	0.021			1 114.25	6 690.34	532.95		8 337.54							
45	AH0006	胶合板门制作 框断面 52 cm² 带半百页（隔声平开门 M3 制作）	100 m²	0.021			1 114.25	6 690.34	532.95		8 337.54							
46	AH0020	胶合板门 带百页（夹板平开门 M2 安装）	100 m²	0.021			651	1 124.94	1.24		1 777.18							
47	AH0020	胶合板门 带百页（隔声）	100 m²	0.021			651	1 124.94	1.24		1 777.18							
48	AH0069	塑钢门窗 窗 成品安装（5 mm 透明塑钢推拉窗 C1、C2）	100 m²	0.156 6			1 560	5 880			7440							
49	AH0070	钢门窗 门 成品安装	100 m²	0.056 7			1 025	6 860			7 885							
50	AH0072	金属百叶窗 成品安装（白色铝合金防雨百叶 BYC1）	100 m²	0.086 4			925	5 880			6 805							

子目综合单价分析表

工程名称：×××工业园建设项目—锅炉房

序号	编码	工程分部分项名称	单位	工程量	综合单价	综合合价	单价分析								利润	安全文明施工费	定额测定费	税金
							直接成本					间接成本						
							定额人工费以及调整	定额材料费以及调整	定额机械费以及调整增	组织措施费	小计	企业管理费	规费	小计				
51	AI0008 R×1.2	楼地面垫层 原土夯入碎石层 垫层(散水层)垫层 层,坡道垫层,坡道散水,台阶,防滑坡道的垫层 人工×1.2	100 m²	0.324			165.6	190.5			356.1							
52	AI0011	楼地面垫层 砼 商品砼(C10混凝土垫层 60 mm厚)	10 m³	0.293			142.5	1 648.33			1 790.83							
53	AI0015	找平层 水泥砂浆 1:2.5 厚度20 mm 在填充材料上	100 m²	0.500 2			200	388.49	24.15		612.64							
54	AI0018换	找平层 细石砼 厚度30 mm	100 m²	0.488 6			177.5	793.29			970.79							
55	AI0021换	楼地面 水泥砂浆 1:2.5 厚度20 mm 换为【水泥砂浆(特细砂)1:1.5】	100 m²	0.500 2			256.75	483.5	24.15		764.4							
56	AI0027换	踢脚板 水泥砂浆 1:2.5 厚度20 mm 换为【水泥砂浆(特细砂)1:2】	100 m	0.398			125	46.73	2.87		174.6							

子目综合单价分析表

工程名称：×××工业园建设项目—锅炉房

序号	编码	工程分部分项名称	单位	工程量	综合单价	综合合价	定额人工费以及调整	定额材料费以及调整	定额机械费以及调整	组织措施费	小计	企业管理费	规费	小计	利润	安全文明施工费	定额测定费	税金
							直接成本					间接成本						
57	AI0030换	楼地面混凝土面层 商品砼 厚度80 mm 实际厚度(40 mm)	100 m²	0.488 6			206.5	922.58			1 129.08							
58	AI0116	砼排水坡 商品砼 厚度60 mm	100 m²	0.274 5			359	1 591.46			1 950.46							
59	AI0119换	防滑坡道 换为【水泥砂浆(特细砂)1:2】	100 m²	0.049 5			359.75	504.08	24.72		888.55							
60	AJ0012	高分子防水卷材 干铺(屋面3 mm厚BAC双面自粘防水)	100 m²	0.571 7			240	1 546.47			1 786.47							
61	AJ0013	防水卷材 金属压条(屋面3 mm厚改性沥青防水卷材)	100 m²	0.571 7			206	2 730.2			2 936.2							
62	AJ0036	涂膜防水(潮) 平面(地面聚氨酯防水层1.5 mm厚两道)	100 m²	0.488 6			166.5	1 808.11			1 974.61							
63	AJ0040	防水砂浆 平面(雨篷防水层)	100 m²	0.057 3			254.25	431.77	19.55		705.57							
64	AJ0041	防水砂浆 立面(雨篷防水层)	100 m²	0.015 1			381.5	453.65	19.55		854.7							

子目综合单价分析表

工程名称：×××工业园建设项目—锅炉房

序号	编码	工程分部分项名称	单位	工程量	综合单价	综合合价	单价分析								利润	安全文明施工费	定额测定费	税金
							直接成本					间接成本						
							定额人工费以及调整	定额材料费以及调整	定额机械费以及调整	组织措施费	小计	企业管理费	规费	小计				
65	AJ0079	塑料水落管(直径Φ100 mm)	10 m	0.478			24	188.25			212.25							
66	AK0136	屋面保温 水泥陶粒	10 m³	0.455			179.75	1 314			1 493.75							
67	AL0006	水泥砂浆 零星项目(女儿墙压顶顶抹灰 20 mm厚 1：2.5水泥砂浆)	100 m²	0.108 8			831.5	316.63	21.27		1 169.4							
68	AL0012	混合砂浆 墙面、墙裙(内墙砖墙面)	100 m²	1.508 4			343.25	288.72	22.42		654.39							
69	AL0086	外墙面砖 墙面 水泥砂浆黏贴 灰缝 5 mm(米白色面砖外墙面)	100 m²	1.163 3			1 553.75	2 844.48	24.15		4 422.3	8						
70	AL0086	外墙面砖 墙面 水泥砂浆黏贴 灰缝 5 mm(蓝灰色面砖女儿墙)	100 m²	0.163 1			1 553.75	2 844.48	24.15		4 422.38							

子目综合单价分析表

工程名称：×××工业园建设项目—锅炉房

序号	编码	工程分部分项名称	单位	工程量	综合单价	综合合价	单价分析									利润	安全文明施工费	定额测定费	税金
							直接成本					间接成本							
							定额人工费以及调整	定额材料费以及调整	定额机械费以及调整	组织措施费	小计	企业管理费	规费	小计					
71	AL0094	外墙面砖 零星项目 水泥砂浆粘贴 灰缝 5 mm（雨棚侧面贴蓝灰色面砖）	100 m²	0.027 9			2183	3 138.83	25.87		5 347.7								
72	AL0137	天棚抹灰 混合砂浆（混合砂浆顶棚、雨棚底面抹混合砂浆）	100 m²	0.613 5			342.5	210.56	15.52		568.58								
73	AL0247	乳胶漆 内墙面 乳胶漆二遍（内墙面刷乳胶漆）	100 m²	1.508 4			136.25	229.76			366.01								
74	AL0247换	乳胶漆 内墙面 乳胶漆二遍（顶棚刷白色乳胶漆）抹灰面 用于天棚项目时 材料×1.1,人工×1.3	100 m²	0.613 5			177.13	252.74			429.87								
75	AM0002	建筑物垂直运输 单层 现浇框架 檐高 20 m 以内	100 m²	0.559					1 402.42		1 402.42								

工程计价表

工程名称：××××工业园建设项目—锅炉房

序号	定额编号	子目名称	工程量		价值（元）		直接工程费		
			单位	数量	单价	合价	人工费	材料费	机械费
	01	土建工程				43 534.31	9 942.46	32 105.18	1 486.69
	0101	第一章　土石方工程				924.01	899.59	0.42	24.01
1	AA0003	人工挖沟槽土方(深度在 2 m 以内)	m³	19.59	14.82	290.39	290.39		
2	AA0007	人工挖基坑土方(深度在 2 m 以内)	m³	5.08	16.59	84.3	84.3		
3	AA0015 换	单(双)轮车运土　运距 50 m 以内　实际运距(m):1 000	m³	11.97	21.19	253.7	253.7		
4	AA0018	回填　夯填土方	m³	13.4	8.29	111.09	86.67		24.01
5	AA0024	人工平整场地	m²	132.3	1.39	184.53	184.53	0.42	
	0103	第三章　基础工程				2 645.86	398.63	2 210.31	36.92
1	AC0024	砖石基础　200 mm 砖　水泥砂浆　M5	m³	2.85	161.04	458.97	95.48	356.77	6.72
2	AC0030	带形基础　商品砼	m³	4.61	175	806.76	51.06	755.71	
3	AC0034	独立基础　商品砼	m³	3.71	177.66	659.13	50.55	608.58	
4	AC0045	基础垫层　商品砼	m³	0.89	181.24	161.31	15.84	145.47	
5	AC0049	带形基础　砼　模板	m³	4.61	74.62	344	105.13	220.28	18.59
6	AC0051	独立基础　砼　模板	m³	1.94	45.55	88.37	27.01	57.13	4.22
7	AC0058	基础垫层　模板	m³	0.89	23.56	20.97	3.95	16.62	0.4
8	AC0060	设备基础　5 m³ 以内	m³	1.77	60.09	106.35	49.61	49.75	6.99
	0104	第四章　脚手架工程				411.23	187.76	199.03	24.44
1	AD0001	单层建筑综合脚手架　檐口高度(6 m 以内)	m²	55.9	3.81	213.22	70.71	124.7	17.8
2	AD0018	满堂脚手架　基本层	m²	50.02	3.96	198.01	117.05	74.33	6.64

工程计价表

工程名称：×××工业园建设项目—锅炉房

序号	定额编号	子目名称	工程量		价值（元）		直接工程费		
			单位	数量	单价	合价	人工费	材料费	机械费
	0105	第五章 砌筑工程				2 805.21	673.31	2 100.93	30.96
1	AE0020	页岩空心砖墙 混合砂浆 M5	m³	19.95	140.61	2 805.21	673.31	2100.93	30.96
	0106	第六章 混凝土及钢筋混凝土工程				17 542.16	2944.81	14 139.71	457.63
1	AF0002	矩形柱 商品砼	m³	2.57	197.16	506.7	84.87	421.82	
2	AF0008	构造柱 商品砼（填充墙）	m³	0.78	205.07	159.95	31.96	127.99	
3	AF0008	构造柱 商品砼（女儿墙）	m³	0.35	205.07	71.77	14.34	57.43	
4	AF0010	圈梁 商品砼	m³	0.53	203.95	108.09	20.43	87.66	
5	AF0010	过梁 商品砼	m³	2.37	203.95	483.35	91.36	391.99	
6	AF0010	圈梁（过梁） 商品砼（压顶梁）	m³	0.15	203.95	30.59	5.78	24.81	
7	AF0026	有梁板 商品砼	m³	15.97	181.5	2 898.51	249.53	2648.98	
8	AF0034	悬挑板 商品砼（雨篷）	m²	7.4	18.67	138.16	6.66	131.5	
9	AF0048	零星构件 商品砼（女儿墙压顶）	m³	0.35	221	77.35	18.18	59.17	
10	AF0056	矩形柱 周长 2 m 以内 现浇混凝土模板	m³	2.57	216.49	556.37	252.13	267.34	36.89
11	AF0062	构造柱 现浇混凝土模板	m³	1.13	206.12	232.92	97.52	125.44	9.96
12	AF0067	圈梁（过梁,压顶梁） 现浇混凝土模板	m³	3.05	194.67	593.73	166.09	427.65	
13	AF0073	有梁板 现浇混凝土模板	m³	15.97	156.44	2 498.27	1 079.62	1 205.13	213.52
14	AF0085	其他构件模板 零星构件（女儿墙压顶）	m³	0.35	245.77	86.02	47.88	37.51	0.63
15	AF0280	现浇钢筋 A6	t	0.042	3 035.19	127.48	9.4	115.45	2.63
16	AF0280	现浇钢筋 A6.5	t	0.069	3 035.19	209.43	15.44	189.67	4.32

工程计价表

工程名称:×××工业园建设项目—锅炉房

序号	定额编号	子目名称	工程量		价值(元)		直接工程费		
			单位	数量	单价	合价	人工费	材料费	机械费
17	AF0280	现浇钢筋 A8	t	0.416	3 035.19	1 262.64	93.08	1 143.52	26.04
18	AF0280	现浇钢筋 A10	t	0.121	3 035.19	367.26	27.07	332.61	7.57
19	AF0280	现浇钢筋 B6	t	0.008	3 035.19	24.28	1.79	21.99	0.5
20	AF0280	现浇钢筋 B10	t	0.003	3 035.19	9.11	0.67	8.25	0.19
21	AF0280	现浇钢筋 B12	t	0.278	3 035.19	843.78	62.2	764.18	17.4
22	AF0280	现浇钢筋 B16	t	0.103	3 035.19	312.62	23.05	283.13	6.45
23	AF0280	现浇钢筋 C8	t	0.383	3 035.19	1 162.48	85.7	1 052.81	23.98
24	AF0280	现浇钢筋 C14	t	0.033	3 035.19	100.16	7.38	90.71	2.07
25	AF0280	现浇钢筋 C16	t	0.265	3 035.19	804.33	59.29	728.44	16.59
26	AF0280	现浇钢筋 C22	t	1.143	3 035.19	3 469.22	255.75	3 141.92	71.55
27	BAF001	悬挑板模板　直形(雨蓬)	m²	7.4	55.08	407.59	137.64	252.61	17.34
	0108	第八章　门窗、木结构				2 624.95	456.48	2 146.04	22.44
1	AH0006	胶合板门制作　框断面 52 cm²　带半百页(夹板平开门 M2 制作)	m²	2.1	83.38	175.09	23.4	140.5	11.19
2	AH0006	胶合板门制作　框断面 52 cm²　带半百页(隔声平开门 M3 制作)	m²	2.1	83.38	175.09	23.4	140.5	11.19
3	AH0020	胶合板门　带百页(夹板平开门 M2 安装)	m²	2.1	17.77	37.32	13.67	23.62	0.03
4	AH0020	胶合板门　带百页(隔声平开门 M3 安装)	m²	2.1	17.77	37.32	13.67	23.62	0.03
5	AH0069	塑钢门窗　窗　成品安装(5 mm 透明塑钢推拉窗 C1,C2)	m²	15.66	74.4	1 165.1	244.3	920.81	
6	AH0070	钢门窗　门　成品安装	m²	5.67	78.85	447.08	58.12	388.96	

工程计价表

工程名称：×××工业园建设项目—锅炉房

序号	定额编号	子目名称	工程量		价值（元）			直接工程费	
			单位	数量	单价	合价	人工费	材料费	机械费
7	AH0072	金属百叶窗 成品安装（白色铝合金防雨百叶 BYC1）	m²	8.64	68.05	587.95	79.92	508.03	
	0109	第九章 楼地面工程				3 003.75	677.61	2 299.63	26.52
1	AI0008 R×1.2	楼地面垫层 原土夯人碎石（散水垫层,坡道垫层）垫层散水,台阶,防滑坡道的垫层 人工×1.2	m²	32.4	3.56	115.38	53.65	61.72	
2	AI0011	楼地面垫层 砼 商品	m³	2.93	179.08	524.71	41.75	482.96	
3	AI0015	找平层 水泥砂浆 1:2.5 厚度 20 mm 在填充材料上	m²	50.02	6.13	306.44	100.04	194.32	12.08
4	AI0018 换	找平层 细石砼 厚度 30 mm 商品砼 实际厚度（40 mm）	m²	48.86	9.71	474.33	86.73	387.6	
5	AI0021 换	楼地面 水泥砂浆 1:2.5 厚度 20 mm 换为【水泥砂浆（特细砂）1:1.5】	m²	50.02	7.64	382.35	128.43	241.85	12.08
6	AI0027 换	踢脚板 水泥砂浆 1:2.5 厚度 20 mm 换为【水泥砂浆（特细砂）1:2】	m	39.8	1.75	69.49	49.75	18.6	1.14
7	AI0030 换	楼地面混凝土面层 商品砼 厚度 80 mm 实际厚度（40 mm）	m²	48.86	11.29	551.67	100.9	450.77	
8	AI0116	砼排水坡 商品砼 厚度 60 mm	m²	27.45	19.5	535.4	98.55	436.86	
9	AI0119 换	防滑坡道 换为【水泥砂浆（特细砂）1:2】	m²	4.95	8.89	43.98	17.81	24.95	1.22
	0110	第十章 屋面工程				3 819.54	368.13	3 449.99	1.42
1	AJ0012	高分子防水卷材 干铺（屋面 3 mm 厚 BAC 双面自粘防水卷材）	m²	57.17	17.86	1 021.32	137.21	884.12	
2	AJ0013	防水卷材 金属压条（屋面 3 mm 厚改性沥青防水卷材）	m²	57.17	29.36	1 678.63	117.77	1 560.86	
3	AJ0036	涂膜防水（潮）平面（地面聚氨酯防水层 1.5 mm 厚两道）	m²	48.86	19.75	964.79	81.35	883.44	

工程计价表

工程名称:×××工业园建设项目—锅炉房

序号	定额编号	子目名称	工程量		价值(元)		直接工程费		
			单位	数量	单价	合价	人工费	材料费	机械费
4	AJ0040	防水砂浆　平面(雨篷防水层)	m²	5.73	7.06	40.43	14.57	24.74	1.12
5	AJ0041	防水砂浆　立面(雨篷防水层)	m²	1.51	8.55	12.91	5.76	6.85	0.3
6	AJ0079	塑料水落管(直径 Φ100 mm)	m	4.78	21.23	101.46	11.47	89.98	
1	0111	第十一章　防腐隔热保温工程				679.66	81.79	597.87	
1	AK0136	屋面保温　水泥陶粒	m³	4.55	149.38	679.66	81.79	597.87	
	0112	第十二章　装饰工程				8 293.99	3 254.35	4 961.25	78.4
1	AL0006	水泥砂浆　零星项目(女儿墙压顶抹灰 20 mm 厚 1:2.5 水泥砂浆)	m²	10.88	11.69	127.23	90.47	34.45	2.31
2	AL0012	混合砂浆　墙面、墙裙　砖墙(内墙面)	m²	150.84	6.54	987.08	517.76	435.51	33.82
3	AL0086	外墙面砖　墙面　水泥　砂浆粘贴　灰缝 5 mm (米白色面砖外墙面)	m²	116.33	44.22	5 144.55	1 807.48	3 308.98	28.09
4	AL0086	外墙面砖　墙面　水泥砂浆粘贴　灰缝 5 mm (蓝灰色面砖女儿墙)	m²	16.31	44.22	721.29	253.42	463.93	3.94
5	AL0094	外墙面砖　零星项目　水泥砂浆粘贴　灰缝 5 mm (雨棚侧面贴蓝色面砖灰色面砖)	m²	2.79	53.48	149.2	60.91	87.57	0.72
6	AL0137	天棚抹灰　砼面　混合砂浆(混合砂浆顶棚、雨棚底面抹混合砂浆)	m²	61.35	5.69	348.82	210.12	129.18	9.52
7	AL0247	乳胶漆　内墙面　二遍(内墙面刷乳胶漆)	m²	150.84	3.66	552.09	205.52	346.57	
8	AL0247 换	乳胶漆　内墙面　二遍(顶棚刷白色乳胶漆)　抹灰面用于天棚项目时　材料×1.1,人工×1.3	m²	61.35	4.3	263.73	108.67	155.06	
1	0113	第十三章　其他工程				783.95			783.95
1	AM0002	建筑物垂直运输　单层　现浇框架　檐高 20 m 以内	m²	55.9	14.02	783.95			783.95
		合计				43 534.31	9 942.46	32 105.18	1 486.69

参考文献

[1] 张伟.建筑工程定额与预算[M].武汉：中国地质大学出版社,2014.

[2] 杨勇.建筑工程定额与预算[M].北京：北京理工大学出版社,2015.

[3] 钱昆润.建筑工程定额与预算[M].南京：东南大学出版社,2006.

[4] 陈贤清.工程建设定额原理与实务[M].北京：北京理工大学出版社,2014.

[5] 李建峰.建设工程定额原理与实务[M].北京：机械工业出版社,2013.

[6] 住房和城乡建设部标准定额研究所.GB/T 50353—2013 建筑工程建筑面积计算规范[S].北京：中国计划出版社,2014.

[7] 重庆市建设工程委员会.CQJZDE—2008 重庆市建筑工程计价定额[S].北京：中国建材工业出版社,2008.

[8] 重庆市建设委员会.CQPSE—2008 混凝土及砂浆配合比表、施工机械台班定额[S].北京：中国建材工业出版社,2008.

[9] 重庆市建设委员会.CQFYDG—2008 重庆市建设工程费用定额[S].北京：中国建材工业出版社,2008.